U0396029

江苏省文化产业引导资金文化艺术精品项目
江苏省"十三五"重点图书出版规划项目

尼泊尔宗教建筑

汪永平　洪峰 编著

Religious
Architecture
in Nepal

Himalayan Series of Urban and Architectural Culture

行走在喜马拉雅的云水间

序

2015年正值南京工业大学建筑学院（原南京建筑工程学院建筑系）成立三十周年，我作为学院的创始人，在10月举办的办学三十周年庆典和学术报告会上，汇报了自己和团队自1999年以来走进西藏、2011年走进印度，围绕喜马拉雅山脉17年以来所做的研究。研究成果的体现，便是这套"喜马拉雅城市与建筑文化遗产丛书"问世。

出版这套丛书（第一辑15册）是笔者和学生们多年的宿愿。17年来我们未曾间断，前后百余人，30多次进入西藏调研，7次进入印度，3次进入尼泊尔，在喜马拉雅山脉相连的青藏高原、克什米尔谷地、拉达克列城、加德满都谷地都留下了考察的足迹。研究的内容和范围涉及城市和村落、文化景观、宗教建筑、传统民居、建筑材料与技术等与文化遗产相关的领域，完成了50篇硕士学位论文和4篇博士学位论文，填补了国内在喜马拉雅文化遗产保护研究上的空白，并将藏学研究和喜马拉雅学的研究结合起来。研究揭

示了喜马拉雅山脉不仅是我们这一星球上的世界第三极，具有地理坐标和地质学的重要意义，而且在人类的文明发展史和文化史上具有同样重要的价值。

喜马拉雅山脉东西长2 500公里，南北纵深300~400公里，西北在兴都库什山脉和喀喇昆仑山脉交界，东至南迦巴瓦峰雅鲁藏布大拐弯处。在喜马拉雅山脉的南部，位于南亚次大陆的印度主要由三个地理区域组成：北部喜马拉雅山区的高山区、中部的恒河平原以及南部的德干高原。这三个区域也就成为印度文明的大致分野，早期有许多重要的文明发迹于此。中国学者对此有着准确的描述，唐代著名学者道宣（596—667）在《释迦方志》中指出："雪山以南名为中国，坦然平正，冬夏和调，开木常荣，流霜不降。"其中"雪山"指的便是喜马拉雅山脉，"中国"指的是"中天竺国"，即印度的母亲河恒河中游地区。

季羡林先生把古代世界文化体系分为中国、印度、希腊和伊斯兰四大文化，喜马拉雅地区汇聚了世界上

四大文化的精华。自古以来，喜马拉雅不仅是多民族的地区，也是多宗教的地区，包括了苯教、印度教、佛教、耆那教、伊斯兰教以及锡克教、拜火教。起源于印度的佛教如今在印度的影响力已经不大，但佛教通过传播对印度周边的国家产生了相当大的影响。在中国直接受到的外来文化的影响中，最明显的莫过于以佛教为媒介的印度文化和希腊化的犍陀罗文化。对于这些文化，如不跨越国界加以宏观、大系统考察，即无从正确认识。所以研究喜马拉雅文化是中国东方文化研究达到一定阶段时必然提出的问题。

从东晋时法显游历印度并著书《佛国记》开始，中国人对印度的研究有着清晰的历史脉络，并且世代传承。唐代玄奘求学印度并著书《大唐西域记》；义净著书《大唐西域求法高僧传》和《南海寄归内法传》；明代郑和下西洋，其随从著书《瀛涯胜览》《星槎胜览》《西洋番国志》，对于当时印度国家与城市都有详细真实的描述。进入20世纪后，中国人继续研究印度。

蔡元培在北京大学任校长期间，曾设"印度哲学课"。胡适任校长后，又增设东方语言文学系，最早设立梵文、巴利文专业（50年代又增加印度斯坦语），由季羡林和金克木执教。除了季羡林和金克木，汤用彤也是印度哲学研究的专家。这些学者对《法显传》《大唐西域记》《大唐西域求法高僧传》和《南海寄归内法传》进行校注出版，加入了近代学者科学考察和研究的新内容，在印度哲学、文学、语言文化、历史、地理等领域多有建树。在中国，研究印度建筑的倡始者是著名建筑学家刘敦桢先生，他曾于1959年初率我国文化代表团访问印度，参观了阿旃陀石窟寺等多处佛教遗址。回国后当年招收印度建筑史研究生一人，并亲自讲授印度建筑史课，这在国内还是独一无二的创举。1963年刘敦桢先生66岁，除了完成《中国古代建筑史》书稿的修改，还指导研究生对印度古代建筑进行研究并系统授课，留下了授课笔记和讲稿，并在《刘敦桢文集》中留下《访问印度日记》一文。可惜 1962 年中印关系恶化，以致影响了向印度派遣留学生的计划，随后不久的"十年动乱"，更使这一研究被搁置起来。由于历史的原因，近代中国印度文化研究的专家、学者难以跨越喜马拉雅障碍进入实地调研，把青藏高原的研究和喜马拉雅的研究结合起来。

意大利著名学者朱塞佩·图齐（1894—1984）是西方对于喜马拉雅地区文化探索的先驱。1925—1930 年，他在印度国际大学和加尔各答大学教授意大利语、汉语和藏语；1928—1948 年，图齐八次赴藏地考察，他的前五次（1928、1930、1931、1933、1935）藏地考察均从喜马拉雅山脉的西部，今天克什米尔的斯利那加（前三次）、西姆拉（1933）、阿尔莫拉（1935）动身，沿着河流和山谷东行，即古代的中印佛教传播和商旅之路。他首次发现了拉达克森格藏布河（上游在中国境内叫狮泉河，下游在印度和巴基斯坦叫印度河）河谷的阿契寺、斯必提河谷（印度喜马偕尔邦）的塔波寺（西藏藏佛教后弘期重要寺庙，

两处寺庙已经列入《世界文化遗产名录》），还考察了托林寺、玛朗寺和科迦寺的建筑与壁画，考察的成果便是《梵天佛地》著作的第一、二、三卷。正是这些著作奠定了图齐研究藏族艺术和藏传佛教史的基础。后三次（1937、1939、1948）的藏地考察是从喜马拉雅中部开始，注意力转向卫藏。1925—1954 年，图齐六次调查尼泊尔，拓展了在大喜马拉雅地区的活动，揭开了已湮没的王国和文化的神秘面纱，其中印度和藏地的邂逅是最重要的主题。1955—1978 年，他在巴基斯坦北部的喜马拉雅山麓，古代称之为乌仗那的斯瓦特地区开展考古发掘，期间组织了在阿富汗和伊朗的考古发掘。他的一生学术成果斐然，成为公认的最杰出的藏学家。

图齐的研究不仅涉及佛教，在印度、中国、日本的宗教哲学研究方面也颇有建树。他先后出版了《中国古代哲学史》和《印度哲学史》，真正做到"跨越喜马拉雅、扬帆印度洋"，将中印文化的研究结合起来。

终其一生，他的研究都未离开喜马拉雅山脉和区域文化。继图齐之后，国际上对于喜马拉雅的关注，不仅仅局限于旅游、登山和摄影爱好者，研究成果也未囿于藏传佛教，这一地区的原始宗教文化艺术，包括印度教、耆那教、伊斯兰教甚至本教都得到发掘。笔者手头上就有近几年收集的英文版喜马拉雅艺术、城市与村落、建筑与环境、民俗文化等多种书籍，其中有专家、学者更提出了"喜马拉雅学"的概念。

长期以来，沿着青藏高原和喜马拉雅旅行（借用藏民的形象语言"转山"）时，笔者产生了一个大胆的想法，将未来中印文化研究的结合点和突破口选择在喜马拉雅区域，建立"喜马拉雅学"，以拓展藏学、印度学、中亚学的研究范围和内容，用跨文化的视野来诠释历史事件、宗教文化、艺术源流，实现中印间的文化交流和互补。"喜马拉雅学"包含了众多学科和领域，如：喜马拉雅地域特征——世界第三极；喜马拉雅文化特征——多元性和原创性；喜马拉雅生态特征——多样性等等。

笔者认为喜马拉雅西部，历史上"罽宾国"（今天的克什米尔地区）的文化现象值得借鉴和研究。喜马拉雅西部地区，历史上的象雄和后来的"阿里三围"，是一个多元文化融合地区，也是西藏与希腊化的犍陀罗文化、克什米尔文化交流的窗口。罽宾国是魏晋南北朝时期对克什米尔谷地及其附近地区的称谓，在《大唐西域记》中被称为"迦湿弥罗"，位于喜马拉雅山的西部，四面高山险峻，地形如卵状。在阿育王时期佛教传入克什米尔谷地，随着西南方犍陀罗佛教的兴盛，克什米尔地区的佛教渐渐达到繁盛点。公元前1世纪时，罽宾的佛教已极为兴盛，其重要的标志是迦腻色迦（Kanishka）王在这里举行的第四次结集。4世纪初，罽宾与葱岭东部的贸易和文化交流日趋频繁，谷地的佛教中心地位愈加显著，许多罽宾高僧翻越葱岭，穿过流沙，往东土弘扬佛法。与此同时，西域和中土的沙门也前往罽宾求经学法，如龟兹国高僧佛图澄不止一次前往罽宾学习，中土则有法显、智猛、法勇、玄奘、悟空等僧人到罽宾求法。

如今中印关系改善，且两国官方与民间的经济、文化合作与交流都更加频繁，两国形成互惠互利、共同发展的朋友关系，印度对外开放旅游业，中国人去印度考察调研不再有任何政治阻碍。更可喜的是，近年我国愈加重视"丝绸之路"文化重建与跨文化交流，提出建设"新丝绸之路经济带"和"21世纪海上丝绸之路"的战略构想。"一带一路"倡议顺应了时代要求和各国加快发展的愿望，提供了一个包容性巨大的发展平台，把快速发展的中国经济同沿线国家的利益结合起来。而位于"一带一路"中的喜马拉雅地区，必将在新的发展机遇中起到中印之间的文化桥梁和经济纽带作用。

最后以一首小诗作为前言的结束：

我们为什么要去喜马拉雅？

因为山就在那里。
我们为什么要去印度？
因为那里是玄奘去过的地方，
那里有玄奘引以为荣耀的大学
——那烂陀。

行走在喜马拉雅的云水间，
不再是我们的梦想。
边走边看，边看边想；
不识雪山真面目，只缘行在此山中。

经历是人生的一种幸福，
事业成就自己的理想。
慧眼看世界，视野更加宽广。
喜马拉雅，
不再是阻隔中印文化的障碍，
她是一带一路的桥梁。

在本套丛书即将出版之际，首先感谢多年来跟随笔者不辞辛苦进入青藏高原和喜马拉雅区域做调研的本科生和研究生；感谢国家自然科学基金委的立项资助；感谢西藏自治区地方政府的支持，尤其是文物部门与我们的长期业务合作；感谢江苏省文化产业引导资金的立项资助。最后向东南大学出版社戴丽副社长和魏晓平编辑致以个人的谢意和敬意，正是她们长期的不懈坚持和精心编校使得本书能够以一个充满文化气息的新面目和跨文化的新内容出现在读者面前。

主编汪永平

2016 年 4 月 14 日形成于乌兹别克斯坦首都塔什干 Sunrise Caravan Stay 一家小旅馆庭院的树荫下，正值对撒马尔罕古城、沙赫里萨布兹古城、布哈拉、希瓦（中亚四处重要世界文化遗产）考察归来。修改于 2016 年 7 月 13 日南京家中。

尼泊尔 宗教建筑
Religious Architecture in Nepal

目 录
CONTENTS

城市与建筑文化遗产丛书

喜马拉雅

导　言

南亚次大陆北端的尼泊尔，既是神秘的雪山王国也是著名的寺庙之国。尼泊尔独特的地理位置使它成为多元文化的汇聚之地，尼泊尔的建筑也在不失传统特色的同时吸纳了周边国家的建筑优点，并在历经千百年的洗涤与淬炼后形成了向世界展现自己独具魅力的尼瓦尔式建筑。尼泊尔的宗教建筑正是这一建筑风格不断发展与演变的载体，它不仅浓缩了尼瓦尔建筑艺术的精髓，也尽显尼泊尔文明不拘一格的包容性。

纵观当今遗存的尼泊尔宗教建筑，主要以尼泊尔印度教建筑和佛教建筑为主，而藏传佛教和伊斯兰教的建筑多是近代以来新建的。因此，印度教和佛教建筑构成了尼泊尔宗教建筑的主要组成部分，也是本书介绍的重点。

1. 国家概况

尼泊尔（我国唐代称之为"泥婆罗"），是尼泊尔联邦民主共和国的简称。"尼泊尔"一词在梵语里指喜马拉雅山脚下的家园。尼泊尔的国土面积约15万平方公里，首都是加德满都，人口2 660多万，语言是尼泊尔语。尼泊尔种族多样，主要民族是尼瓦尔族。在地理位置上，尼泊尔的北面与中国西藏地区毗邻，东、西、南三面均与印度接壤。此外，尼泊尔也是文明古国，古尼泊尔人创造了自己光辉灿烂的文明，留下了绚丽多彩的历史文化遗产。历史上尼泊尔作为印度和中国两大文化圈沟通的桥梁，在中印文化交流过程中发挥了重要的作用。同时，在交流过程中尼泊尔本土文化也在利用其地理优势的基础上对外来文化去粗取精并得到了升华（图0-1）。

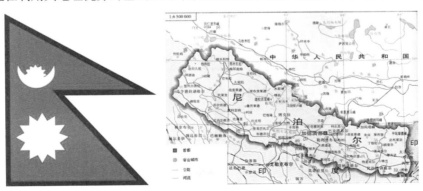

图 0-1 尼泊尔国旗和国家地图

尼泊尔国土面积狭小，但地理环境复杂。尼泊尔全境通常分为3个部分：北部高山地区、中部丘陵山谷地区和南部平原地区。

北部高山地区紧靠喜马拉雅山脉，萨加玛塔峰[1]（Sagarmatha）、干城章嘉峰（Kanchenjunga）、卓奥友峰（Chooyu）等8座海拔在8 000米以上的高峰屹立于此。这里常年积雪，气候恶劣，主要居住着如夏尔巴人（Sherpa）等一批擅长翻山越岭的高山民族。这里的文化环境和社会风貌与中国西藏有着千丝万缕的联系，在宗教信仰方面也以藏传佛教为主。

中部一系列的丘陵山谷地区是尼泊尔大城市汇聚的主要地区，首都加德满都（Kathmandu）、古城帕坦（Patan）和巴德岗（Bhadgaon）以及廓尔喀（Gorkha）和博卡拉（Pokhara）等城市都分布于此。丘陵谷地土地肥沃，一年四季气候宜人，天气晴朗时甚至可以遥望北部白雪皑皑的喜马拉雅山脉。这里的城市文明代表了尼泊尔的现代化发展进程，同时多个种族、多种信仰（印度教、本土佛教、藏传佛教等）也都在此和谐共存。

南部平原地区靠近印度，地势较平缓，有一望无际的田野和零星分布的村落，但夏季酷热，冬季大风。在这里会看到伊斯兰风格的建筑，以及头裹黑纱的穆斯林妇女。伊斯兰教是这些地区的重要信仰（图0-2）。

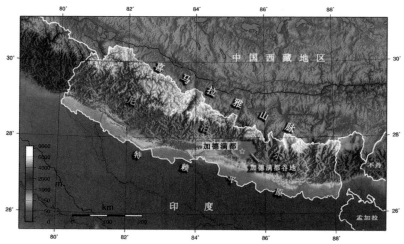

图0-2 尼泊尔地形图

---

1 萨加玛塔峰，即我国政府于1952年命名的珠穆朗玛峰，其海拔8 844.43米，是世界最高山峰。"萨加玛塔"为尼泊尔称呼，意思是"世界之巅"。

尼泊尔的气候变化较为多样。全国分为北部高山、中部温带和南部亚热带3个气候区。北部高山地区最冷时气温可达零下40℃，而南部平原地区最热时温度高达45℃。

尼泊尔每年的4—9月为夏季，此时也是它的雨季。这段时间当地气候较为闷热，并且在6—8月会有大量降雨，道路泥泞，不宜远行。

而10月—来年3月则为冬季，也是尼泊尔的干季。此时尼泊尔晴空万里，气候干爽，白天最高气温25℃，是出行的最佳时节。

2. 历史沿革

尼泊尔自古以来身处印度文化圈，但它却有着自己悠久的历史和灿烂的文明，尼泊尔中部的加德满都谷地（当时称尼泊尔谷地）是古代尼泊尔文明的主要发源地。从公元前8世纪—18世纪末的马拉王朝（Malla Dynasty）晚期这一漫长的阶段中"尼泊尔"这一概念显得有些模糊，尼泊尔在此时更多地指代今天的加德满都谷地及其周边地区。如今我们看到的尼泊尔的版图轮廓是尼泊尔最后一个王朝沙阿王朝在19世纪奠定的（图0-3）。

图 0-3 尼泊尔国王雕像

（1）基拉底王国时期

尼泊尔早期历史由于缺乏文字记载，很多都来自传说。相传公元前8世纪左右，在喜马拉雅山南麓的持续混战中，来自东部山区的基拉底人（Kirati）打败了从西藏翻越喜马拉雅山南下而来的阿希尔人（Ahir），在今天的加德满都谷地建立了一个王国——基拉底王国，该王国的疆域一度扩展到印度的恒河三角洲附近，其首位国王亚兰巴（Yalamber）甚至出现在印度经典史诗《摩诃婆罗多》[1]中。

公元前6世纪，在印度北部平原上一个名叫迦毗罗（Kapilavatsu）的王国中，诞生了一位王子，名为乔达摩·悉达多，也就是日后被尊为释迦牟尼的佛教始祖，而佛教也正是在这一时期开始在印度（当时包括尼泊尔）传播的。

---

1 《摩诃婆罗多》，古代印度长篇英雄史诗，被誉为印度民族的文化瑰宝。成书时间从公元前4世纪至公元4世纪，主要以口头方式创造和传诵。

公元前3世纪，此时印度史上最为强大的孔雀王朝（Maurya Dynasty）（约公元前324年—约前187年）控制着尼泊尔。孔雀王朝著名的君主阿育王据说在公元前265年时来到印度北部的佛祖诞生地蓝毗尼（今属尼泊尔）瞻仰佛祖的出生地，并树立了著名的阿育王石柱以示纪念。此后一段时期佛教发展迅速，并在尼泊尔南部和中部的尼泊尔谷地产生了深远的影响。

（2）李察维王朝

公元1世纪，印度北部的李察维部族（Licchavi）因战败而来到尼泊尔，在尼泊尔谷地建立了李察维王朝（Licchavi Dynasty）。

公元4—9世纪，李察维王朝迎来发展的黄金时期。其在这一时期通过对外贸易获得了巨大的财富，并在尼泊尔谷地中修建了大量的宫殿和庙宇。尼泊尔最早的印度教寺庙昌古纳拉扬寺（Changu Narayan Temple）、帕斯帕提纳寺（Pashupatinath Temple）就是在这一时期修建的，佛教的两个巨大的窣堵坡——斯瓦扬布纳特（Swayambhunath）和博得纳（Boudhanth）也都是在此时建造的。

在外交方面，李察维王朝摆脱了同一时期印度笈多王朝[1]（公元4世纪初—5世纪中）的控制，并积极与西藏的吐蕃政权（公元6—9世纪）建立联盟，并将墀尊公主远嫁西藏以示友好。

公元9世纪以后，李察维王室的权力被贵族篡夺，国家陷入动荡。历史上普遍将这一时期称为"塔库里时期"（Thakuris），这也是尼泊尔历史上一个很模糊的时期，关于这一时期的记载很少，笔者查阅资料发现"塔库里"应是对当时统治国家的贵族集团的称呼[2]。

（3）马拉王朝

公元12世纪，来自尼泊尔西部的马拉人（Malla）击败李察维人并建立了马拉王朝（Malla Dynasty）。这一时期由于与西藏和印度源源不断的贸易往来，使得马拉人的国库极为充盈，随之而来的是建筑、艺术以及文学领域内的显著成就。尼泊尔文明在这一时期进入了顶峰，历史上将这一时期称为"辉煌的中世纪"。

公元14世纪，此时横扫印度北方的穆斯林军队已经开始对尼泊尔进行入侵。连年的战争使尼泊尔的建筑和经济遭到破坏。历经多年马拉王朝的军队才彻底击

---

1 笈多王朝，公元4世纪时由印度人建立的最后一个帝国政权，也是印度古典文化的黄金时期。
2 Michael Hutt. Nepal-A Guide to the Art & Architecture of the Kathmandu Valley [M]. New Delhi: ADROIT,1994.

溃来犯之敌，尼泊尔才得以恢复和平。公元 1382 年，国王贾亚斯提迪·马拉（Jayasthiti Malla）对尼泊尔进行了宗教和社会改革，并仿照印度建立了尼泊尔的种姓制度。

公元 15 世纪，马拉王朝分裂，群雄四起，战争不断。这一时期中部的尼泊尔谷地也出现了多个王国，其中以加德满都王国、帕坦王国和巴德岗王国最为强盛。而西部有 22 个国家，东部也有十几个，其中较为知名的王国有西部的廓尔喀（Gorkha）王国、西南丹森地区（Tansen）的帕尔帕（Palpa）王国以及北部木斯塘地区（Mustang）的洛（Lo）王国。

（4）廓尔喀沙阿王朝

公元 18 世纪，尼泊尔西部的廓尔喀王国变得日益强大起来。国王普里特维·纳拉扬·沙阿（Prithvi Narayan Shah）野心勃勃，他率领军队连年征战先后征服了尼泊尔的大部分王国，并于 1769 年攻陷了尼泊尔谷地三国中最后一个王国巴德岗王国，从而开创了尼泊尔历史上最后一个王朝沙阿王朝。

此后，几代沙阿国王继续对外用兵，尼泊尔的疆域向北推进至喜马拉雅山，向东攻占了锡金[1]（Sikkim）以及印度的大吉岭（Darjeeling）。在西边，廓尔喀军队又攻占了印度北部的部分领土，沙阿王朝变得空前强大，不可一世的廓尔喀军队甚至还翻越喜马拉雅山入侵了中国的西藏地区。

然而到了近代，英国人的窥视以及自身革新的不利，使得沙阿王朝走向了衰落，国土沦丧，国家发展停滞不前且故步自封。

1846 年，廓尔喀军人拉纳（Rana）发动政变，自封首相，架空国王并采取独裁统治，在外交上接受英国控制。

1950 年，国王恢复皇权，实行君主立宪制。此后，尼泊尔政局一直很动荡，国王不断加强对国家的控制力度，以维护自身统治。

2006 年，尼泊尔主要党派联合发起反国王的街头运动，迫使国王还政于政党。

2008 年，尼泊尔制宪会议通过决议，宣布建立属于尼泊尔人民的尼泊尔联邦民主共和国，废黜国王。由此，沙阿王朝覆灭，尼泊尔走上共和国之路。

3. 民族、语言与宗教环境

尼泊尔境内分布着大小 30 多个民族。这些民族中尼瓦尔族 (Newar) 是尼泊尔

---

1 锡金，南亚内陆小国，1975 年被印度吞并，国王被迫流亡美国。

人口数量最多的民族，他们是尼泊尔文明的主要缔造者，是尼泊尔地区最古老的的居民。如今加德满都谷地中随处可见的以红砖黑木做结构且带有大斜撑的建筑正是尼瓦尔人的住宅，这些建筑风格已成为尼泊尔的标志之一。除此之外，尼泊尔的中部地区还居住着拉伊族 (Rai)、林布族 (Limbu)、古隆族（Gurung）以及马嘉族 (Magar)，尼泊尔北部喜马拉雅山地区则居住有塔芒族 (Tamgang)、夏尔巴族和藏族，东部特赖平原上居住有塔鲁族（Tharu）等。

尼泊尔有 24 种语言和 100 种方言，而尼泊尔语是尼泊尔的官方语言。它属于印度—雅利安语支，和印度北部地区的语言近似。这种语言随着尼泊尔沙阿王朝（廓尔喀王朝）的建立而逐渐登上尼泊尔的历史舞台，所以又称廓尔喀语，该语言在发展过程中也受到藏缅语系的影响。然而，相对于尼泊尔语的普及，尼泊尔边远山区一些少数民族的语言到今天却已经失传了很多。此外，英语和印度语也是当代尼泊尔人掌握的重要语言。

尼泊尔国民几乎无人不信教。尼泊尔的主要宗教是佛教和印度教。在尼泊尔的北部和东部山区中，从中国西藏地区迁徙过来的少数民族主要信奉藏传佛教。中部丘陵谷地地区自古就是印度教的势力范围，这里生活的居民大多是印度教教徒，而本土佛教和藏传佛教的力量则稍逊一些。此外，尼泊尔南部平原地区也以信仰印度教为主，同时由于紧邻印度北部，伊斯兰教的信徒也较多。当前，尼泊尔 86% 的人口信奉印度教，有 8% 的人口信仰佛教（包括藏传佛教），而有 4% 的人口信仰伊斯兰教，信仰其他宗教的人口占 2%。

4. 宗教对尼泊尔人的影响

目前尼泊尔是世界上欠发达的国家之一，国家昔日的强盛伴随着沙阿王朝中后期的没落而成为追忆。笔者在这个国家调研期间切身感受到当地人的贫穷，即使在首都加德满都普通民众的生活也十分贫苦，多数工薪族的月收入仅为 1 500 尼泊尔卢比（约合人民币 150 元），他们无力购买现代化的家用电器以及美味可口的食物。尼泊尔数一数二的大都市里几乎没有一条像样的马路，高层建筑更是屈指可数，而且城市供电不足，时常出现断电现象。

但令人惊奇的是，尼泊尔竟然是世界上幸福指数很高的国家。尼泊尔人大都善良淳朴，这一点从他们纯真的笑容中就可以看出。尽管这个国家高级知识分子不多，文盲率较高，可是很少有人偷盗或是打架斗殴，普通的尼泊尔人大多十分本分，不会轻易与人发生冲突或者是挑战传统社会观念。

现代的尼泊尔人对于自己的宗教信仰十分虔诚，他们在膜拜神灵时通常不会介意对象是佛陀还是毗湿奴，因为在他们心中，无论是佛教还是印度教都是尼泊尔悠久历史以及神话传说中不可分割的一部分，崇拜他们是许多民众从小就融化于血液之中的。尼泊尔人相信神与他们同在，并十分尊崇它们的教义"与人为善"，因此这些理念规范了他们的日常行为，使他们更愿意向善而不去为恶。

此外，尼泊尔深受印度婆罗门教种姓制度影响，人分四等，有高低贵贱之分，每一个人都清楚自己在社会中的地位和角色，而且所从事的职业也多为代代相传，很少有人能够越级从

图 0-4 尼泊尔人在参加祭祀活动

事。当然正是由于这些条条框框的限定使得尼泊尔人多安于现状，进取之心不足。这些也都促使尼泊尔人对宗教产生过分的依赖和寄托，期盼来世可以获得更高的等级和地位（图 0-4）。

第一章　尼泊尔的宗教历史及主要神灵

尼泊尔是一个宗教信仰较为复杂、国民教派意识"模糊"的国家。虽然印度教是其第一大宗教教派，但是包括王室成员在内的许多教徒也会去膜拜佛教神灵。这一多重信仰的现象使得研究尼泊尔宗教时必须关注尼泊尔印度教与尼泊尔佛教各自的发展及混同情况，不可孤立对待。而纵观尼泊尔宗教发展的历史，诞生于印度的佛教自始至终都是不可忽视的重要部分，它甚至间接串联起印度—尼泊尔—西藏之间的联系。因此，清楚尼泊尔的宗教历史是我们认识其宗教建筑的基础和前提（图 1-1）。

图 1-1　尼泊尔宗教情况分析图

第一节　诞生于佛教神话中的尼泊尔

据尼泊尔经典史诗《斯瓦扬布往世书》记载，文殊菩萨是尼泊尔的创造者。书中写到，喜马拉雅山南麓有一个神秘的谷地名叫"纳加哈达"，"纳加哈达"指"蛇湖"的意思[1]。这里四周有山，中间是一片大湖，而在湖中栖息着一条大蛇，因此这一带人迹罕至。后来远在中国的文殊菩萨途径这里时，向上天祈祷，随后拔剑劈山，使得谷地中的湖水从劈开的山口处奔流而去，那条大蛇也随之游走。

1　周晶，李天. 加德满都的孔雀窗——尼泊尔传统建筑 [M]. 北京：光明日报出版社，2011.

从此谷地露出了肥沃的土壤，周围的百姓得知后也陆续迁入，很快一系列城镇就在这里出现了。这就是今天的加德满都谷地（Kathmandu Valley），也是当时所指的尼泊尔谷地，而"尼泊尔"一词在尼瓦尔语中的含义就是圣人养育的地方。据说为了感谢文殊菩萨劈山放水，当地的一座城市取名为"文殊帕坦"，它就是日后南亚地区极富盛名的佛城帕坦的前身。此后，一位佛教僧人来到谷地，他在谷地西北的一座小山上修建了一座窣堵坡，象征着智慧莲花，用以照耀谷地。这也就是日后尼泊尔的标志性佛塔斯瓦扬布纳窣堵坡的前身。

虽然这些只是神话传说，但正是这些神话传说反应了尼泊尔的文化基础，同时也体现了佛教在尼泊尔这样一个以印度教为主流的宗教国家中的重要地位。值得一提的是，在印度教中人们相信佛陀是其三大主神之一的毗湿奴的第八个转世化身，因而印度教徒对于佛和菩萨自然也十分尊敬。

第二节　佛教与印度教的混同发展

1. 佛教在尼泊尔的传播

由于尼泊尔在李察维王朝（1—12 世纪）以前的历史缺乏文字记载，因此，美丽动人的神话传说成为人们了解过去的依据。通过历史学家的研究我们可以了解到尼泊尔出现佛教的时间大致是在公元前 520 年，尼泊尔的佛教是从印度传播而来的。据传，佛教创始人释迦牟尼曾率领他的弟子们进入尼泊尔谷地并在这里传教（图1-2）。此后，一些佛教信徒为修行或避祸也陆续来到尼泊尔谷地定居，佛教逐渐与谷地土著居民的原始宗教（如湿婆教等）相结合，成为谷地百

图 1-2　佛陀率弟子在尼泊尔弘法

姓主要的宗教信仰之一。当时的佛教被历史学家定性为"原始佛教"，僧侣及信徒相信有生死轮回，认为得道成佛就可以涅槃，从而避免轮回成其他物种。

公元前 265 年，印度孔雀王朝第三代君主阿育王（Asoka）率众来到当时古印度北部的恒河平原上的蓝毗尼[1]（Lumbini）瞻仰佛祖释迦牟尼出身地的圣迹，并树立遗留至今的阿育王石柱以表示自己对于佛祖的敬意和纪念。佛教在此时得到王朝统治者的大力推行，相传在尼泊尔谷地也留下了阿育王礼佛的足迹，甚至其女恰鲁玛蒂公主还在谷地为佛教信徒建造了一座寺院叫查巴希（Cha Bahil）。至今尼泊尔人对于昔日阿育王在此弘扬佛法一事仍然津津乐道。

阿育王死后，孔雀王朝陷入分裂。随后印度北部的比哈尔地区则为来自中亚的李察维人（Licchavi，一些文章译为"梨车人"）所控制，李察维人最终败北于印度摩羯陀国[2]而只能北上并进入了尼泊尔，赶走了那里最早的统治者基拉底人，成为新的征服者。李察维人遵循婆罗门种姓制度，并且属刹帝利种姓，他们以尼泊尔谷地为核心开始推行自己的文化和信仰，但是并没有对尼泊尔原住民强制实行种姓划分[3]。因此，违背婆罗门教义的佛教信仰在尼泊尔仍旧顺利发展并进入大乘佛教阶段。

当然，对于当时的情况，我们必须先清楚以下两点。

首先，李察维人所奉行的婆罗门种姓制度（又称瓦尔纳制度）乃是古代印度婆罗门教所推行的一种社会阶级体系，它将印度社会中的人划分成"婆罗门""刹帝利""吠舍"和"首陀罗"四大类，其中婆罗门种姓者主要是宗教祭司阶层，他们将自己定立为最高阶层，有权主宰一切事物，《摩奴法典》[4]是他们权力来源的依据，也是整个社会必须尊崇的法规和秩序。上文中提到的大部分谷地原住民则应属于第四类，即最为卑贱的首陀罗种姓者，而尼泊尔谷地统治者李察维人则是刹帝利种姓，他们在很多事情上必须尊崇婆罗门祭司的意愿。

其次，此时尼泊尔佛教已经跟随印度佛教的进程从原始佛教进入大乘佛教阶段。大乘佛教是公元 1 世纪中期逐渐形成的，它的命名则是为了与教义理论和修

1 蓝毗尼，位于尼泊尔的鲁潘德希县境内，距加德满都 360 公里。现为世界著名的文化遗址。
2 摩羯陀国，古代印度著名的奴隶制国家，国都在王舍城，也是佛教圣地之一。
3 张惠兰. 尼泊尔的种姓制度溯源 [J]. 南亚研究，2001（02）：75-81.
4 《摩奴法典》，相传为人类的始祖摩奴所编，内容是关于吠陀习俗、惯例与说教的法律条文。实际上则是婆罗门教的祭司根据《吠陀经》与传统习惯而编成的。它是婆罗门贵族用来维系统治的重要依据。

行实践不同的小乘佛教有所区别。大乘佛教将逝去的佛陀看做神去崇拜，并坚持"众生平等"和"普度众生"的理念，佛教发展的对象上至高贵的君王下至卑微的百姓，它与高傲自大的婆罗门教正相反。

由此上述两点，我们就可以推测出佛教在尼泊尔顺利发展的原因，即它的宗教理念顺应了谷地广大民众反抗婆罗门阶层压迫的需求，使生活于社会底层饱受婆罗门蹂躏的广大民众有了精神寄托，佛教愿意给予他们"人权"，因此深受欢迎。此外作为统治者的刹帝利阶层也由于婆罗门祭司的权力过大而深感忧虑，而佛教可以暂时成为平衡权力的工具，所以统治者对于佛教的发展采取了默许的态度也就在情理之中了。

2. 佛教密教化及印度教的发展

印度的大乘佛教在公元7世纪逐步演变为密教（Tantric Buddhism，即大乘秘密佛教，又名金刚乘），这一时期印度为戒日王（Harsha）所统治。密教奉行密咒以及立地成佛等思想，并且认为成佛是为了享受快乐，而不再理会涅槃之说，它的教义较为简单和通俗，社会的三教九流皆可研习。密教此后还向西藏进行传播，而尼泊尔佛教也在同一时期进入密教时代并延续至今。

印度教诞生于印度笈多王朝统治时期（320—730），它在婆罗门教的基础上进行了革新并且与佛教相互借鉴。印度教在印度笈多王朝统治时期得到发展，此后逐渐壮大，并趁势排斥和同化印度佛教。而佛教却在密教化以后理论基础变得相对薄弱，且又因为准备不足，因此很快在与印度教的较量中败北。印度教在发展中得到了婆罗门贵族的支持，被称为新婆罗门教，因此它也积极维护婆罗门种姓制度，而尼泊尔的印度教也是由婆罗门贵族推动产生的。印度的印度教杰出领袖商羯罗（Sankara）在公元749年时率领教徒千里迢迢进入尼泊尔谷地，改革当地婆罗门教以恢复婆罗门贵族集团在尼泊尔的统治地位和影响力（图1-3）。据

图1-3　商羯罗及其信徒

尼泊尔史料记载，商羯罗来到谷地以后，迅速组织力量展开对尼泊尔佛教的反击，他先后夺回了佛教徒对一些印度教神庙以及祭祀活动的控制权，之后又与当地的佛教徒展开论战及辩法活动，在一定程度上打击了尼泊尔佛教。

公元5—9世纪的李察维王朝正值鼎盛之际，尼泊尔的印度教也正是在这一时期得到王室的支持而开始发展的。关于尼泊尔的印度教，笔者在查阅资料后认为尼泊尔印度教有其本土特色，体现了尼泊尔人信仰的独特性[1]。

尼泊尔的印度教主要包括有湿婆（Shiva）崇拜、毗湿奴（Vishnu）崇拜以及性力派女神崇拜三大类[2]。湿婆崇拜是尼泊尔较为原始的宗教信仰，它是尼泊尔印度教的雏形，但是确切的相关记载则出现于公元5世纪。在公元8世纪时，湿婆崇拜成为尼泊尔统治阶层的主要信仰。具体表现为对湿婆8种化身特别是其中之一的"兽主"的崇拜，兽主即众生之王，尼泊尔如今最为著名的印度教庙宇帕斯帕提纳寺就是用来供奉"兽主"的。除此之外，湿婆崇拜还有包括"林伽"（Lingam）崇拜，也就是男性生殖器崇拜，这一崇拜行为在尼泊尔延续至今。毗湿奴崇拜也出现于公元5世纪，尼泊尔凡是供奉毗湿奴和克里希纳（Krishna）的神庙都是相关信徒膜拜的圣地。毗湿奴崇拜中所谓毗湿奴化身之一的"纳拉扬"则被认为是尼泊尔国王的化身，国王因此被神化。对毗湿奴的崇拜在随后的马拉王朝时期更为流行。尼泊尔印度教的第三种——性力派女神崇拜则是尼泊尔经久不衰的一种崇拜对象，被认为是古代人类摆脱死亡、延续后代以及增加人口的最有效手段。它起源于尼泊尔早期的基拉底时代，并在李察维王朝以后得到马拉王朝统治者的大力推行，比如当时著名的塔莱珠女神（Taleju）、库玛丽活女神（Kumari）、多臂女神（Ashta Matrikas）等，在尼泊尔建筑的细部经常会反映出对于这些女神的崇敬之情，因为尼泊尔人认为性力派女神是创造生命的源泉，象征着人类的生殖和繁衍。因此对性力派女神的崇拜成为尼泊尔印度教教徒乃至全体国民的共同信仰。

公元12世纪后，尼泊尔进入马拉王朝（12—18世纪）统治时期。这一时期是佛教与印度教一决雌雄的时期。此时在邻国印度，由于长期战乱和宗教斗争，印度佛教已经逐渐走向衰亡。而在尼泊尔，佛教似乎由于接收了大量北逃的僧侣

1、2 张曦. 尼泊尔印度教的历史与现状 [J]. 南亚研究，1989（02）：46-53.

以及他们所携带的典籍而"风生水起"。但是佛教却无论如何也无法成为尼泊尔的国教。笔者调研分析后认为，造成这一点的表层原因是由于尼泊尔谷地的统治者大都由谷地以外迁徙而来的（如李察维人来自印度，马拉人来自尼泊尔偏远的西部山区），他们所在的刹帝利阶层深受印度的婆罗门思想以及后来的印度教教义影响，崇拜湿婆或毗湿奴并拥护种姓制度，所以大多数统治者只是不干预佛教的发展而已。其本质原因则是佛教与印度教教义的差异。关于印度教，英国人查尔斯·埃利奥特（Eliotch Charies）在《印教教与佛教史纲》一书中曾提到："印度教仅有的根本教义，就是承认婆罗门种姓和承认吠陀经典的权威。"[1]也就是说印度教教义的简单理解就是在于提醒人们社会地位的不可冒犯以及"君权神授"的神圣性。印度教依附于皇权，指出国王是毗湿奴在凡间的化身，是民众至高无上的保护神，它对印度种姓制度中的婆罗门和刹帝利阶层予以特殊的待遇，而这两大阶层的人则构成了国家的王室贵族以及军队的高级将领集团。反观佛教，它当初是社会各阶层中不满于现状和要求改革婆罗门教种姓制度的人发起组成的宗教，是婆罗门教以及印度教的对立派。这一点，前印度总理贾瓦哈拉尔·尼赫鲁（Jawaharlal Nehru）在《印度的发现》中就有提到，他说"佛教正是刹帝利阶层对婆罗门教（即日后的印度教）的一种对抗"[2]。但是，佛教的这一改革后果却促使印度教最终紧密地与皇权捆绑在一起，促成了王室对于印度教"君权神授"思想的信赖和钟爱。而佛教只能走"下层路线"，去获得中下层劳苦大众的支持以及有钱无势力的商人阶层的资助。必须清楚的是，佛教所提倡的"众生平等""普度众生"这一概念始终是权力阶层所敏感的词汇，并不是每一位君王都像孔雀王朝的阿育王那样能够感悟到权力的虚无以及万物生命的可贵。因此，扶植与信仰佛教只是统治阶层安抚下层百姓的工具和手段而已。

尽管如此，尼泊尔的佛教和印度教却在某些方面存在着奇特的联系。笔者在实地考察时发现，尼泊尔的佛教寺院中会出现印度教所崇拜的神灵，例如象鼻神甘尼沙（Ganesh），有的甚至会出现印度教三大主神之一的毗湿奴的形象；在像帕斯帕提纳那样神圣的尼泊尔印度教主庙中供奉的神像身上有时也会披上佛教的衣冠；而尼泊尔极其尊贵的活女神库玛丽则被要求必须是佛教释迦族的身份。此

---

1 查尔斯·埃利奥特.印度教与佛教史纲 [M].李荣熙，译.台北：佛光出版社,1991.
2 贾瓦哈拉尔·尼赫鲁.印度的发现 [M].齐文，译.北京：世界知识出版社,1956.

外，许多尼泊尔人同时信奉着印度教和佛教，一些节日两教的信徒都会参加，如盛大的因陀罗节[1]。民众对于两教神像的膜拜方法也大致相同，在他们使用的祭祀物品中都包括红色的朱砂粉、细碎的花瓣还有洁白的米粒。人们拜完神像后，再用圣水掺和着土将这些物品混合成糊糊状，接着涂抹在一些神像上，剩下的则涂抹在自己及家人的额头上，尼泊尔人认为这样自己就可以与神明同在，这种形式也被尼泊尔人称为"迪嘎"。

由此可以发现，印度教与佛教在尼泊尔是相互吸收和相互渗透的。我们也可以推断佛教为了在尼泊尔谷地顺利发展也会主动包容印度教的部分元素，以换取统治阶层的接纳和"善待"。不过笔者在上文中提到过，印度教曾将佛教的佛陀比喻为其主神毗湿奴的化身之一，这一情况也足以见得在印度教高层及统治阶层对于佛教地位态度上的认可。

3. 尼泊尔种姓制度的确立

在马拉王朝开始其统治的近两个世纪后，新继位的马拉国王贾亚斯提迪·马拉（Jayasthiti Malla）希望在国内进行改革，目的是为了进一步加强其集权统治以及维护社会安定（图1-4）。因为在此之前，国家经历了一系列的灾难，这其中包括贵族集团对王室权力的亵渎，以及1346年和1349年印度穆斯林军队的入侵。

图1-4　古代尼泊尔社会

而正是贾亚斯提迪·马拉的雷厉风行，王室才收回了旁落于贵族集团手中的权力，并逐渐建立起战斗力强大的军队，用以捍卫尊严。而且尼泊尔长久以来成为周边国家民众躲避战乱的"世外桃源"，

---

[1] 因陀罗节，时间为每年公历9月，主要用来祭祀因陀罗神（Indra），尼泊尔人会在节日期间上街游行，载歌载舞，整个节日持续8天。

因而居住者成分混杂，国家和社会如要稳定就必须建立更强有力的管理规范。正因为有这场改革，贾亚斯提迪·马拉可以算得上是尼泊尔历史上著名的一位国王了。当然，也包括他对于尼泊尔种姓制度的改革。1382 年，他从印度请来了四位婆罗门长老，请他们为尼泊尔制定了一系列改革方案，并命人编纂了尼泊尔的国家律法。在一系列的改革措施中，他为尼泊尔各个职业的人群划定了他们各自的种姓等级，明确了他们在社会中的地位、服装和婚姻。婆罗门阶层以及印度教的崇高地位被明确，而一些法规的出台也被看做是他对尼泊尔佛教的打压，比如，新的法规中要求重新丈量国家的土地及明确寺庙的数量和财产，不符合规范的均要没收，从而间接剥夺了属于佛教僧侣的许多财富。更加严重的是，改革行动对尼泊尔佛教组织强行进行了种姓的划分。这些都使得尼泊尔佛教遭受到沉重的打击。在此之前，佛教寺院及僧团组织已经拥有大量土地和财富，僧人逐渐过起腐败的生活。当时尼泊尔佛教甚至还乐于仿效印度教的性力派，因而在社会中已经渐渐失去人心。以婆罗门长老为首的发难来得正是时候，国王也不再视而不见，所以这一改革使得尼泊尔佛教由盛至衰。尼泊尔佛教被迫接受了种姓制度的划分，将尼泊尔佛教内部各种姓教徒的地位明确化，并且与社会其他阶层一样相同种姓的佛教徒聚集而居，佛教中因此分出"三六九等"。这使得佛教的发展受到严重削弱，并且很难重现往日的辉煌，曾经提倡的"众生平等"思想逐渐成为空谈。同时，许多寺院被没收划归国王所信赖的印度教所有，佛教僧人和百姓或是被迫改宗于印度教或是逃亡以免遭到宗教迫害。

尼泊尔种姓制度的确立对于尼泊尔宗教的影响是深远的，它打破了自李察维时代以来的宗教平衡，李察维统治者虽然也是种姓制度的遵从者，但并没有将这一制度强加给尼泊尔人，对于长期与婆罗门唱反调的佛教也并不排斥。但是贾亚斯提迪·马拉的改革打破了这一早已"默契"的平衡关系，他将印度教扶上了第一把交椅，并将佛教推入火坑，任其自生自灭。

4. 尼泊尔宗教近代以来的变化

19 世纪以后，也就是尼泊尔著名的末代王朝——沙阿王朝时期（18 世纪末至 21 世纪初），尼泊尔的印度教仍然可以正常发展，因为尼泊尔新的统治者廓尔喀人是忠实的印度教信奉者。到了 19 世纪中期，拉纳独裁政府又将印度教以法律的形式确立为尼泊尔的国教，并严禁其他宗教对印度教进行任何形式的攻击和诽谤。尼泊尔佛教则再次受到打压，拉纳政府（1847—1950）宣布禁止佛教在尼泊尔境内传播，禁止佛教徒集会，并将不愿妥协的僧人驱逐出境，于是尼泊尔佛教的发展几乎处于停滞状态。直到1951年，拉纳政府倒台，尼泊尔国王重新掌权，佛教才回归尼泊尔并逐渐走上复兴之路。

1962年，尼泊尔国王马亨德拉·马拉（Mahendra Malla）以法律的形式废黜了尼泊尔的种姓制度。2006年，尼泊尔议会通过决议宣布尼泊尔为"世俗国家"，并废黜了印度教的国教地位，明确尼泊尔的佛教、伊斯兰教等宗教享有和尼泊尔印度教同样平等的地位。此时，尼泊尔国内的宗教环境变得很宽松，佛教不必为了生存而妥协，因为在此之前一些佛教建筑上甚至刻意雕刻印度教的毗湿奴形象，以彰示佛教与印度教的联系性。而如今，佛教等宗教可以自由发展，信奉佛教的国民也不必担惊受怕。实际上，尼泊尔民众在祭祀神明时对于是印度教还是佛教并没有太多忌讳，因为自古以来，尼泊尔的宗教信仰就是多样的、包容的，民众需要的只是在神佛面前祈求安康。所以宗教之间的矛盾究其本质主要是统治者的政治需求不同所造成的。

第三节　其他宗教的发展概况

在尼泊尔除了印度教和印度传入的佛教两个主要宗教派别外，还有其他宗教信仰长期存在，例如来自西藏的藏传佛教和来自印度的伊斯兰教。

1. 藏传佛教在尼泊尔的反向传播

（1）佛教在西藏立足

藏传佛教已经成为当今尼泊尔宗教体系中不可忽视的重要组成部分，它来自于喜马拉雅山北面的中国西藏地区，也被称为喇嘛教。佛教在西藏从最初建立到击败西藏本土的苯教[1]（Bonismo），最终成为主宰西藏地区政治与文化的最大的宗教信仰，它衍生出萨迦、噶举、宁玛等众多派别，形成了别具风格的藏传佛教。而纵观印度佛教北传的历史，尼泊尔在印度与中国西藏地区之间扮演了一个重要的角色，用十分形象的比喻就是：桥梁。因为这两大地区彼此之间无论是贸易还是文化的往来，几乎都要经过尼泊尔，佛教的传播当然也不例外。笔者认为，正

1　苯教，是印度佛教传入前西藏地区流行的原始宗教，得到吐蕃地方势力的支持。

是佛教的传播，客观上促进了尼泊尔和西藏的文化交流，也为藏传佛教日后南下尼泊尔打下了基础。

自公元 7 世纪，吐蕃（西藏）赞普松赞干布引入印度佛教，到此后的赤松德赞赞普时期（742—798），印度有数位佛教高僧先后被邀请到西藏传播佛法，并都取道尼泊尔入境。佛教进入西藏，符合了吐蕃王室的政治需要，佛教在西藏得到了赞普的大力支持，赞普将佛教作为自己对抗苯教势力集团的武器，佛教也由此与苯教展开了激烈的竞争。在这些前往西藏的印度僧人中，高僧寂护[1]（Shantarakshita）于 743 年入藏，他是首位被吐蕃赞普邀请而来的佛教高僧，在拉萨主持佛教典籍的翻译工作，后来由于受到西藏苯教势力的排斥而离开西藏前往尼泊尔暂居，寂护因此得以在尼泊尔继续弘扬佛法。公元 750 年，莲花生大士[2]（Padmasambhava）（图 1–5），这一对藏传佛教影响深远的印度佛教高僧几经辗转来到西藏，在途经尼泊尔时，他停留了近 4 年之久，在此与尼泊尔僧人交流并共

图 1–5　莲花生大士画像

同探究佛法。后来，莲花生大士应赤松德赞赞普邀请到达西藏拉萨，又用了 2 年的时间建立了著名的桑耶寺（Samye Gompa）。正是桑耶寺的建成，标志着佛教在西藏已确立了自己的地位（图 1–6）。公元 1041 年，著名印度高僧阿底峡[3]（Atisa）

1　寂护（725—788），印度僧人，瑜伽中观派创始人，曾为那烂陀寺主持。
2　莲花生大士（生卒不详），为印度僧人，他是西藏密教的创始人，创立了西藏桑耶寺、不丹虎穴寺等多座著名寺庙，在西藏、尼泊尔等地备受尊敬。
3　阿底峡，为印度佛学家，精通密教和显教，也是"朗达玛灭佛"后复兴西藏佛教的关键人物。

图 1-6　西藏桑耶寺

在赞普朗达玛灭佛事件[1]后进入西藏，并竭尽全力复兴西藏佛教。但阿底峡并没有直奔西藏，而是先沿着朝圣者和商旅的路线抵达了尼泊尔谷地，并在此停留长达一年的时间用来讲经传法，还撰写了《菩提道灯》[2]一书并流传后世。当然，还有无以计数的僧侣从印度或尼泊尔进入西藏弘扬佛法，他们历经艰险、翻山越岭甚至冒着生命危险身处于陌生的国度，其为佛法献身的精神是难能可贵的。

（2）藏传佛教南下

西藏佛教在经历了"佛苯之争"[3]"朗达玛灭佛"等一系列"腥风血雨"的事件后，已成为西藏地区实力强大、极具号召力与影响力的宗教体系，并直接参与国家政务活动。它不但吸收了藏族文化的精髓，而且还融合了当地特有的原始信仰，于是形成了独树一帜的藏传佛教，并成为独具高原民族特色的佛教分支，这也为以后向周边地区传播奠定了基础。自11世纪起，藏传佛教不断南下翻过喜马拉雅山，在尼泊尔北部山区以及中部的尼泊尔谷地进行传播。尤其是在马拉国王的马亨德拉·马拉统治时期（即加德满都王国），尼泊尔谷地藏传佛教的影响力甚至超过

1　"朗达玛灭佛"，时间为公元838—842年，由吐蕃残暴的赞普朗达玛发起，导致大量佛像、佛经被毁，众多寺庙遭到破坏，众多僧人受到迫害，对当时的西藏佛教打击极大。
2　《菩提道灯》，相传是公元1042年阿底峡应菩提光所请而著，主要内容是针对佛法的答疑解惑。
3　"佛苯之争"，印度的佛教自7世纪进入西藏后便长期与当地的苯教发生冲突，时间长达200多年。但是最终以辩法中佛教战胜苯教取得胜利而告终。

了尼泊尔本土佛教。最显著的例子就是，1751年，由西藏的喇嘛们号召并主持了在14世纪毁于战火的尼泊尔著名佛教圣地斯瓦扬布纳寺的修复工程，并最终使这一著名的佛教圣地及其中的大佛塔得以复原，重现往日的光辉。如今加德满都谷地内的几座知名的窣堵坡，如斯瓦扬布纳窣堵坡（Swayambhunath）、博得纳窣堵坡以及加德辛布窣堵坡（Kathesimbhu）上都能看到藏式建筑的装饰风格。由此看出，藏传佛教在尼泊尔的发展一帆风顺。更值得一提的是，尼泊尔人对于藏传佛教这一外来教派并不排斥，相反在自己的建筑上吸收和借鉴藏式建筑风格的特色，用以丰富自己的建筑装饰。而在同一时期，西藏的僧人乐此不疲地往来于印度和尼泊尔，以学习和交流佛学，这也使得生活在南亚次大陆上的人们逐渐了解和认识了从雪域高原走出的藏传佛教的教义，许多人也由此成为藏传佛教的信徒，由此藏传佛教得以对外传播并做到立足于西藏之外（图1-7）。

　　在当时的尼泊尔谷地以外，特别是北部更靠近喜马拉雅山的地区，居民主要信奉藏传佛教，以索卢昆布地区（Solukhumbu）和木斯塘（Mustang）为例。

图1-7　尼泊尔的藏传佛教寺庙

8世纪时，藏传佛教的宗师莲花生大士曾路过索卢昆布地区，并在此修行，这里因此得到佛法教化。随后一些外来民族迁入，他们主要来自于中国西藏，最著名的当属夏尔巴族（Sherpa）。夏尔巴族来自于中国西藏的康区，他们在15世纪后穿过襄帕拉山口由西藏进入尼泊尔北部，跟随他们而来的还有一些喇嘛。夏尔巴人不仅承担着往来于尼泊尔和西藏之间运送贸易物资的工作，同时他们所信仰的藏传佛教也在这里扎根。夏尔巴人的语言、哲学、文化、历史都发源于西藏，西藏的喇嘛在夏尔巴人中享有特殊地位。夏尔巴人还崇尚鬼怪，相信星算，凡有重大举动都先占卜而后作决定，宗教在他们的生活中占有重要地位。因此，索卢昆布一带无论民风和宗教信仰几乎都与西藏相似，可以说是藏传佛教南下传播的过渡地区，如同"桥头堡"一样。

而在更加闭塞的木斯塘地区，藏传佛教是当地居民唯一的宗教信仰。这里至今仍保留着原生态的西藏风俗以及藏式建筑风格。木斯塘在历史上曾经是一个独立的王国，首府是洛城（Lo-Manthang）。西藏史书中于公元7世纪时提到过它，而木斯塘则在14世纪才有了自己的史书。木斯塘由于地处中国西藏、尼泊尔和印度中间的特殊地理位置，曾因为贸易运输而繁荣一时，而且这里很早就接受了藏传佛教的洗礼，并将其发展得如同当时的经济一样繁荣兴盛。但是在18世纪末，它被崛起的廓尔喀王国（沙阿王朝）所征服并成为附庸国，直到1952年，尼泊尔政府才允许外国人进入这里[1]。木斯塘地处印度与中国西藏两大文化体系中间，见证了不同文化之间的冲突和融合，同时也是尼泊尔一处神秘的藏文化中心，并被世人誉为"人间净土"。

2. 尼泊尔南部的伊斯兰教概况

尼泊尔的伊斯兰教由于信众较少而经常被外界忽视。纵观尼泊尔的历史，伊斯兰教对其影响甚微，给人们留下印象的也只是14世纪时信仰伊斯兰教的穆斯林军队攻入尼泊尔谷地肆意烧杀抢掠，以及对尼泊尔建筑和艺术造成无法估量的破坏等恶劣行径。回顾历史，自公元8世纪起印度就开始遭受周边伊斯兰教国家的入侵。公元13世纪时，伊斯兰教已经入主印度北方地区，并建立了德里苏丹王朝（1206—1526）。公元16世纪，名噪一时的莫卧儿王朝（1526—1858）又将印度的伊斯兰文明推向新的高度。因此，作为与印度北部毗邻的尼泊尔谷地，以

---

1 Mark Whittaker. Mustang—Paradise Found [M]. Kathmandu:Himalayan Map House, 2012.

及谷地外南方的特赖平原地区难免会受到来自印度伊斯兰文化的冲击。所以伊斯兰教在尼泊尔南部地区有相当数量的教徒，即使是在蓝毗尼这样的佛祖诞生地，笔者仍然能够看到简易的伊斯兰小清真寺和头裹黑纱的穆斯林妇女。

尼泊尔的穆斯林主要是在公元 14 世纪左右从印度北方及克什米尔地区（Kashmir）进入尼泊尔南部的，其中一些是从事贸易的商人和会写波斯文的学者。公元 15 世纪时，在尼泊尔中部的加德满都谷地已经开始出现穆斯林，直到 17 世纪时，穆斯林才大量涌入尼泊尔，这些穆斯林中绝大多数是逊尼派，少数为什叶派。由于此时尼泊尔正处在许多小国彼此混战的时期，因此不少穆斯林以从事武器生产为主要工作，并出售军火给交战国以从中牟得高额利润[1]。

如今尼泊尔境内的伊斯兰教信徒主要集中在靠近印度的根杰（Gunj）、贾纳克普尔（Janakpur）等城市，而首都加德满都也有清真寺以供信奉伊斯兰教的民众做礼拜（图 1-8）。来自中国内地西部地区的回民在这里安家落户，从事商业活动。

图 1-8 尼泊尔伊斯兰风格的城镇

---

1 布拉德利·梅修. 孤独的星球——尼泊尔 [M]. 郭翔，等译. 北京：中国地图出版社，2013.

第四节 尼泊尔人信奉的主要神灵

1. 印度教神殿中的主要神灵

研究尼泊尔的印度教建筑，必须了解印度教中的主要神灵，因为这些精美壮丽的宗教建筑正是这些神灵在凡间的"寓所"，它们表达了信徒对于宗教偶像的崇拜和敬仰之情。通过了解这些神灵的基本情况，可以更好地帮助人们理解神庙建筑的内在含义，以及修建它们的目的。

印度教是一种信奉多神明的古老宗教。它起源于印度早期的婆罗门教，至今已有3 500多年的历史。印度教认为生命有轮回，人有死亡便有重生。每一次重生，人都会越来越靠近或远离最终的解脱，而相信轮回就是相信因果报应。因此，印度教提倡做善事以及与人为善，相信唯有如此，人在来世时的等级才会提高。而印度教教徒一生有三种实践：宗教祭祀、死者火葬以及遵守种姓制度。所以对于神的膜拜在印度教中是极其重要的环节，它对于每一位信徒自身的修行都十分重要。下文着重介绍印度教中的主要神灵。

印度教中有数不清的神灵，但是印度教神庙建筑中主要供奉的神灵却屈指可数。印度教有三大主神：湿婆（Shiva）、毗湿奴（Vishnu）以及梵天（Brahma）。

对于印度教建筑而言，主要供奉其中一位主神，一般是湿婆或毗湿奴，再有就是供奉湿婆或毗湿奴的化身。对信徒而言，他们所信奉的也是湿婆和毗湿奴两位大神中的一位。那么神秘的主神梵天又如何呢？

（1）梵天（Brahma）

梵天是印度教三大主神之一。在印度的神话传说中，世间万物都起始于梵天，人们相信是梵天创造了宇宙。相传最初梵天有五个头，而在一次与湿婆的争执中被愤怒的湿婆砍去一个，因此现在的梵天形象是四头四臂（图1-9）。

图1-9 梵天画像

而梵天在印度教的造像中通常以印度教祭司的装束示人，他的四张脸分别朝向东南西北，象征四部《吠陀经》[1]，而他的四臂则分别持有念珠、水罐、弓箭和权仗等物，其中念珠象征对时间的记载，恒河水则用来表示万物的衍生。梵天通常坐在莲花宝座上或者骑着神鹅汉斯，而他的配偶是智慧女神萨拉斯瓦蒂（Saraswati）。

　　如今印度教中对于梵天的崇拜很少，因为相传梵天虽然法力无边，但是他贪图享乐，不顾人间疾苦，特别是他不分善恶，纵容恶魔危害人间[2]。因此，引起了印度教教徒的不满，人们逐渐将对梵天的崇拜转移到对另外两位主神湿婆和毗湿奴身上。这也正是如今在印度教建筑中很少看到梵天造像的原因。不过，随着佛教的发展，梵天被吸纳作为其护法之一，因此供奉梵天在东南亚极为流行，他有保佑富贵吉祥的功能。

　　（2）湿婆及其配偶帕尔瓦蒂（Shiva and Parvati）

　　湿婆是印度教中最重要的神，他有毁灭和创造的本领，是印度生殖之神，即"兽主"。尼泊尔著名的印度教总庙（帕斯帕提纳寺）就是由此命名的。湿婆的脸上有三只眼，手中所持的法器是三叉戟，坐骑是公牛南迪（Nandi）。因此，现如今尼泊尔印度教寺庙前如果放置有公牛南迪的跪像或是插有法器三叉戟，那么此庙中供奉的就是湿婆。而在加德满都谷地，许多信徒都将湿婆看做是动物之神帕斯帕提纳来膜拜，将他视为一切生物的守护者，并为此建立了一座巨大的庙宇，即帕斯帕提纳神庙。而在加德满都谷地以外的山区中，湿婆则被当做摩诃提婆神来崇拜。

　　此外，湿婆有一位配偶叫帕尔瓦蒂以及一个儿子叫甘尼沙（象鼻神）。在印度神话中，帕尔瓦蒂与湿婆的爱情之路颇为曲折。帕尔瓦蒂另有"雪山神女"的称呼，她的造像有时会出现在湿婆身边。帕尔瓦蒂通常头戴骷髅冠，手持各种法器，骑雄狮或猛虎去与魔鬼作战[3]。值得一提的是，她与湿婆的抽象艺术造型如同一个磨盘，不过在尼泊尔却是生殖的象征。湿婆代表男性生殖器林伽，而帕尔瓦蒂则象征女性生殖器尤尼。帕尔瓦蒂还有一个形象就是难近母（Durga），是印度教神话中的降

1　《吠陀经》，又名《韦陀经》，是古代印度婆罗门教和现代印度教最重要的经典，它主要以诗歌形式记载，内容包括人类生活中的各个方面。

2、3　日本大宝石出版社.走遍全球：尼泊尔[M].孟琳，译.北京：中国旅游出版社,2011.

魔女神（图1-10）。

（3）毗湿奴（Vishnu）

毗湿奴是印度教中的守护神（图1-11）。在尼泊尔通常显示为纳拉扬（Narayan），而尼泊尔国王常自称为纳拉扬。相传梵天和湿婆都是从毗湿奴身体中衍生出来的。毗湿奴也是四只手臂，分别握有法螺、法轮、法棍和莲花。毗湿奴的坐骑是一只金翅大鸟，名叫迦楼罗（Garuda）。印度教神庙前凡是有这只忠诚的金翅大鸟跪像的，都是用来膜拜毗湿奴的神庙。

图1-10　湿婆及其妻子和儿子的画像

在印度教神话中毗湿奴有10个化身，而罗摩王子（Rama）、克里希纳神（Krishna）以及佛陀（Buddha）是其中最重要的三个化身。

罗摩是印度家喻户晓的人物，在印度史诗《罗摩衍那》[1]中是正义的君王和不屈的婆罗门战士。因此，尼泊尔国王宣称自己就是罗摩，拥有着纯正的婆罗门贵族血统，是完美的君王，并且将和祸害人间的恶魔战斗到底。

而克里希纳神则是印度教史诗《摩诃婆罗多》的中心人物，是罗摩的兄弟。他道德高尚，充满正义，深受人民爱戴。在尼泊尔有数不清的神庙供奉克里希纳神。

佛陀也被印度教认为是毗湿奴的化身之一。这既体现了印度教与佛教之间的包容性，也展示了印度教神灵无所不能的力量。

（4）象鼻神甘尼沙（Ganesh）

除了供奉湿婆和毗湿奴以外，尼泊尔人最喜爱的就是憨态可掬的象鼻神甘尼沙。他象征着幸运和智慧。相传他是湿婆和帕尔瓦蒂之子，

图1-11　毗湿奴的画像

1　《罗摩衍那》，该书名又译为"罗摩的历险经历"，全书为诗歌形式，记述了王子罗摩和他的妻子悉多（Sita）的故事，该书对整个南亚地区的宗教和文化都产生了深远的影响。

他非常喜欢吃甜食，因此一颗象牙坏掉了。象
鼻神甘尼沙的造像在尼泊尔随处可见，特别是
建筑中，因为甘尼沙也被视做建筑物的守护之
神（图1-12）。

（5）哈努曼神猴（Hanuman）

这是印度教神话中极具传奇色彩的一只神
猴。相传，他武艺高强，主持正义。他帮助王子
罗摩击败了魔王，救出了罗摩的妻子悉多（Sita）。
神猴哈努曼也是尼泊尔国王们极其信赖的神灵和
保护者。为了纪念他的功勋，加德满都旧王国的
名字便叫哈努曼多卡宫，并且在主要的皇宫外几
乎都树立有神猴哈努曼的雕像。在这一故事的发
源地尼泊尔东部的贾纳克普尔更是随处可见神猴
的塑像（图1-13）。

图1-12　象鼻神甘尼沙画像

（6）印度教女神

在印度教中除了信奉三大主神（梵天、湿
婆以及毗湿奴）及其诸多化身外，还包括对众多
女神的膜拜。在尼泊尔印度教中关于女神的崇拜
主要围绕湿婆妻子帕尔瓦蒂的化身（杜尔迦女神
Durga、吉祥天女、卡莉女神等）、塔莱珠女神
（Taleju）以及库玛丽活女神（Kumari）。

关于帕尔瓦蒂前文已有描述。

图1-13　哈努曼神猴画像

塔莱珠女神是尼泊尔马拉王朝王室的家族之神。塔莱珠起源于印度南部，后
被马拉贵族所信奉。在占领尼泊尔谷地后，马拉王朝的统治者在王宫中修建有高
大的塔莱珠神庙。塔莱珠女神被马拉的君主们视为统治力量的源泉，以及正统地
位的象征。

库玛丽活女神则是自马拉王朝开始流行至今的尼泊尔最神圣的女神。库玛丽
女神一直是由"活生生"的尼泊尔少女担任的，这些"历任女神们"均出自尼泊
尔的佛教家族——释迦族。在经历重重选拔后她们中的幸运者会入住国家指定的
宫殿，即库玛丽庭院接受"供奉"。而每年的因陀罗节，人们会举行盛大的游行，

并请出"活女神"助阵。库玛丽备受尼泊尔王室的敬仰，也是国王的幸运之神（图1-14）。

2. 寺庙佛殿中的主要神灵

尼泊尔的佛教主要是来自印度的大乘佛教以及密教，西藏回传尼泊尔的藏传佛教主要是密教，而尼泊尔大乘佛教中的许多教义与密宗有相似共通之处。佛教大乘成佛教形成于印度，其在梵语中的含义是"将众生渡到彼岸"。它的思想主张是"人不分贵贱、众生平等以及人人皆可成佛"。早在孔雀王朝的阿育王时代，大乘佛教就受到推崇。也正是由于阿育王对信仰佛教的热衷，使得信仰佛教成为时尚，尼泊尔

图1-14 库玛丽活女神

谷地的大乘佛教随之发展起来。密教则是公元7世纪时，大乘佛教在融合了印度的其他宗教信仰后逐步形成的。但是，由于此后印度教的兴盛和伊斯兰教的入侵，佛教在印度已无立足之地。所以密教向印度以外的地区传播，尼泊尔就是其中之一。同样，密教也是在这一时期向西藏传播的，而在此之后形成的藏传佛教也主要遵循密教教法。所以，藏传佛教在供奉对象上与尼泊尔（本土）佛教并不矛盾。下文笔者简要介绍尼泊尔佛教建筑（包括部分藏传佛教建筑）中主要供奉的佛与菩萨。

（1）释迦牟尼佛（Sakyamuni Buddha）

佛教的始祖，公元前565年出生在古代印度的蓝毗尼（Lumbini，今属尼泊尔），是迦毗罗卫国的王子乔达摩·悉达多。相传其在29岁时大彻大悟，毅然放弃了荣华富贵，出家修行，并最终得道成佛。乔达摩·悉达多被信徒尊称为"释迦牟尼"。释迦指其为释迦族人，牟尼意为圣人。释迦牟尼佛是尼泊尔佛教建筑中最主要、最常见的佛像。释迦牟尼佛在藏传佛教中称为"金刚持佛"，其指释迦牟尼在西藏演讲密法时的形象（图1-15）。

（2）文殊菩萨（Manjusri）

文殊菩萨在尼泊尔的地位极高。尼泊尔人相信文殊菩萨是尼泊尔天地神话的创造者，是智慧极高且法力无边的大神。相传文殊菩萨出生于印度古代的舍卫国，是婆罗门种姓，后跟随释迦牟尼修行佛法。文殊师利菩萨也是其尊号。其胯下坐骑是一头凶猛的狮子，右手则紧握金刚宝剑，道场在中国的五台山。

图 1-15 释迦牟尼佛画像

他是一切众生在佛道中的父母，也是藏传佛教主要的信奉对象之一，是智慧的化身（图 1-16）。

（3）金刚萨陲（Vajrasattva）

金刚萨陲是佛教密宗极为推崇的圣尊。萨陲者意为勇猛之士。他通常是盘腿坐在莲花宝座上，头戴五佛宝冠，面露微笑，左手作金刚幔印，而右手则抽掷本杵大金刚[1]。金刚萨陲在尼泊尔佛教中也有很高的地位（图 1-17）。

图 1-16 文殊菩萨画像

图 1-17 金刚萨陲画像

1 日本大宝石出版社. 走遍全球：尼泊尔[M]. 孟琳，译. 北京：中国旅游出版社，2011.

（4）十一面千手观音菩萨

他是大慈大悲的观音菩萨的化身之一。主要造型为前三面静相，左侧三面为猛像，右侧三面为半静半猛相，后侧则为笑相。佛教相信他有能力将任何人从痛苦中解救出来（图1-18）[1]。

图1-18　十一面千手观音菩萨画像

（5）密教"五方佛"体系

五方佛的形象表现了佛教密宗的本质。五方佛常作为佛教密宗的本尊佛，在尼泊尔的佛教建筑上也经常出现，并接受信徒的膜拜。

五佛位于中央的是毗卢佛（即大日如来），他代表宇宙中的日月星辰，并具有五智，可教化众生，他幻化成了五佛；位于东方的是阿閦（chù）佛（即不动如来），他表示静心和破除烦恼；位于西方的是无量光佛（即阿弥陀佛），他具有救人于苦难中的能力；位于南方的是宝生佛（即宝生如来），是使人产生菩提之心的佛；而位于北方的是不空成就佛（即不空成就如来），是智慧的化身，掌握着五感，不空即没有失败的意思（图1-19）。

图1-19　密教五方佛画像

1 日本大宝石出版社.走遍全球：尼泊尔[M].孟琳，译.北京：中国旅游出版社，2011.

小结

纵观尼泊尔宗教发展的历程，印度教与佛教的发展是相互交织的，它们构成了尼泊尔宗教发展的主线。历史上佛教相比于印度教更早地进入当时的尼泊尔谷地，并成为当地民众的主要信仰之一。但是，随着印度北方信奉印度教的民族的迁入以及这些民族对尼泊尔的统治的开始，印度教逐渐成为主流，并且始终和统治阶层保持着紧密的联系，佛教则逐渐边缘化。尤其是在公元 1382 年，尼泊尔著名的宗教改革运动以后，佛教几乎在尼泊尔难以立足。佛教与印度教在尼泊尔地位的此消彼长，主要是因为各自教义的差异性与统治者政治需求不同所造成的。

尼泊尔中世纪时由中国西藏地区传入的藏传佛教，是尼泊尔宗教体系中不可忽视的一部分。藏传佛教强大的生命力不仅使尼泊尔北部喜马拉雅山地区成为藏传佛教的势力范围，就连中部尼泊尔谷地（加德满都谷地）也成为其传播的主要地区。藏传佛教的到来不仅"补救"了势单力薄的尼泊尔本土佛教，同时也给尼泊尔许多佛教圣地"改头换面"，留下了属于自己的符号和印记。尼泊尔的宗教环境总体上是包容的，而由于地理位置的原因，呈现出多元化特征及独特性。

第二章 尼泊尔宗教建筑的发展及宗教意向

第一节 宗教建筑的发展历程

第二节 建筑中蕴藏的宗教意向

尼泊尔是一个有着虔诚宗教信仰的国家，宗教祭祀活动是尼泊尔人日常生活中不可缺少的一部分，作为祭祀活动载体的宗教建筑则遍布尼泊尔城市的大街小巷。尼泊尔人对宗教建筑充满敬意，在他们看来这些建筑不仅是神祇的住所，更是他们精神世界里至高无上的圣殿，乃至灵魂的归宿。尼泊尔的宗教建筑历史悠久，它经历了一个由发展至兴盛，并由兴盛至衰落的过程。而在这漫长的过程中也尽显了宗教对于尼泊尔宗教建筑的影响，体现了宗教建筑是宗教载体的实质。

第一节　宗教建筑的发展历程

1. 尼泊尔早期的宗教建筑

尼泊尔在公元前 9 世纪—公元 1 世纪时一直属于"古印度"[1]北部的一个偏远地区，孔雀王朝（约前 324—前 187 年）、贵霜王朝（2—3 世纪）和笈多王朝（320—730）都先后控制过这里。这一时期尼泊尔人自己的国家意识和民族意识都尚未形成，因此在宗教信仰以及建筑、艺术和文化上与"古印度"紧密相连。在这个十分混沌的历史时期，基拉底人是尼泊尔谷地的主要统治者，他们信奉湿婆教（印度教的一个教派）以及原始的女神崇拜。这一时期的宗教建筑已经开始使用砖作为墙体，木头作为门窗。坡屋顶也已出现，只是建筑形式比较简单。尼泊尔早期的宗教建筑被称做德瓦库拉（Devakula），这种宗教建筑的构成较为简单，但已是坡屋顶形式（图 2-1）[2]，它们是日后尼泊尔最为经典的多檐式神庙（The Multi-Roofed Style Mandir）的雏形。此后，一种新的宗教建筑类型也随之应运而生，

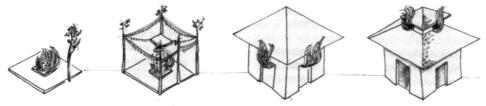

图 2-1　"德瓦库拉"寺庙由简易的祭坛逐步形成，并出现双重屋顶，有利于排烟和采光

1　"古印度"，指公元前 7 世纪—公元 8 世纪时的印度。

2　Sudarshan Raj Tiwar. Temples of the Nepal Valley [M]. Kathmandu: Sthapit Press, 2009.

即都琛（Dyochhen）式神庙，这种神庙主要被用来供奉女神（图2-2）。笔者认为它和"德瓦库拉"存在着某种联系。可惜的是，尼泊尔现如今已经很难见到这一时期的宗教建筑。笔者在巴德岗（Bhadgaon）调研时发现过3座单坡顶的小型神庙建筑，可能与早期的"德瓦库拉"形似（图2-3）。印度佛教在公元520年左右传入尼泊尔谷地后也有一些简易的建筑产生，但这些建筑主要是一些临时性的简易居所或讲堂，甚至连遗址都没有留下。

图2-2　早期的都琛式神庙

另据史料记载，公元前3世纪时，印度著名的阿育王曾经到达尼泊尔谷地，并为弘扬佛法在帕坦城（Patan）修建了4座窣堵坡。帕坦日后成为尼泊尔的佛教圣城。然而，这一事件的真实性受到历史学家的质疑，但是这却暗示了佛教在尼泊尔的发展得到了王朝统治者的支持。

2. 李察维时期的宗教建筑

公元1—12世纪是尼泊尔李察维王朝统治时期。这一历史时间段看似极为漫长，但是却可以划分成三个阶段。第一阶段为

图2-3　巴德岗的单层坡屋顶神庙

1—4世纪，即李察维王朝初期；第二阶段为5—9世纪，即李察维中期；而9—12世纪则是李察维后期，也被称为"塔库里"时期。李察维时代的宗教建筑发展主要集中在5—9世纪的统治中期。

李察维人是公元1世纪到达尼泊尔并取代基拉底人成为统治者。尽管当时佛教仍然很兴盛，但是李察维人信奉印度教，并且在尼泊尔推行婆罗门种姓制度。宗教的兴衰演变反应在建筑上则以掌权者对建筑形制过分干预的形式呈现出来，例如印度教祭司总是同时扮演着"建筑师"和"城市规划师"的角色，他们会按

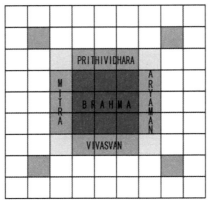

图 2-4　曼陀罗图形

图 2-5　带有"屋顶神龛"的都琛式神庙

照印度古老的曼陀罗图形[1]（Mandala）严格地设计神庙建筑，以求体现宇宙、体现众神的世界（图 2-4）。当时，已出现外形更为复杂的都琛式神庙建筑（图 2-5），它仍然被尼泊尔人用来供奉印度教的守护女神，并建在城镇中心。著名的尼瓦尔多檐式神庙此期开始逐步成形，这种建筑类型的原型正是前文中提到的德瓦库拉式神庙，此时的多檐式神庙由于建造技术所限最多只能建到两层。

公元 5—9 世纪，是李察维王朝最为兴盛的时期。贸易的繁荣带来建筑与艺术的创作高潮。此时，大乘佛教正在向密教过渡，佛教更为系统化的建筑组团——寺院初具规模，并以供奉在佛殿中的佛像代替窣堵坡成为信徒膜拜的对象。同时由于受到犍陀罗艺术的影响，寺院中出现了大量宗教题材的雕刻，并且出现了一种以还愿和纪念为主题的小型石雕支提（Chaitya），支提上的造像艺术风格受到犍陀罗的影响（图 2-6）。此外，尼泊尔最为著名的斯瓦扬布纳窣堵坡就是在这一时期建成的（见第五章）。

印度教在这一时期实质上已经是尼泊尔李察维王朝的国教。印度教婆

图 2-6　两座李察维时期的支提

1 曼陀罗图形，源于古时僧人修法时所修筑的方形或圆形土坛，后被视为宇宙结构的本源，是众神聚居之处的模型缩影，并形成一种固定的图形。其对于南亚地区宗教及宗教建筑的发展影响深远。

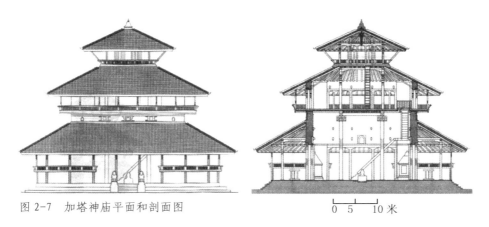

图 2-7 加塔神庙平面和剖面图

0 5 10 米

罗门祭司遵照印度教的思想和理论对城镇进行规划，将印度教神庙与宫殿布置在城市中心，并按神庙的神性决定神庙位置，比如守护神神庙通常安排在城市四周或城市轴线两端。印度教两座重要的供奉毗湿奴和湿婆的寺庙昌古纳拉扬寺以及帕斯帕提纳寺也是这一时期建造的（见第五章）。

到了塔库里时期，李察维王朝事实上已经名存实亡，但是宗教建筑仍在发展。公元 1143 年建立的加德满都加塔神庙（独木庙）就是李察维后期宗教建筑的代表作，它一直遗留至今，从这座神庙的建筑样式上可以看出，尼泊尔多檐式宗教建筑的建造水平已经显著提高，对于黏土砖和木材的砌筑与搭建技艺也更加娴熟（图 2-7）[1]。

3．马拉王朝时期的宗教建筑

公元 13—18 世纪是尼泊尔历史上著名的"中世纪"，也是马拉王朝统治尼泊尔的时期。这一时期可以分为两个阶段，第一阶段为马拉王朝时期；第二阶段为 16 世纪以后的马拉王朝分裂时期，该阶段尼泊尔邦国林立，并以尼泊尔谷地的三个王国（加德满都、帕坦和巴德岗）最为著名。尼泊尔宗教建筑在这个王朝的初期遭受到了入侵的穆斯林军队的破坏，损失惨重，其中包括帕斯帕提纳寺和斯瓦扬布纳寺。但是，尼瓦尔的能工巧匠们很快就修复、重建了这些圣地，并使它们重现了昔日的辉煌。虽然这一时期的尼泊尔宗教信仰较为繁多，但是马拉王朝的统治者仍然信奉印度教崇拜毗湿奴、湿婆和众多的女神，印度教的建筑相比

---

1 Sudarshan Raj Tiwar. Temples of the Nepal Valley [M]. Kathmandu: Sthapit Press, 2009.

于其他宗教建筑不仅密布于城市街巷之中，也有特权修建于城市的中央广场上。此时正值佛教开始没落之际，随之而来的是一些佛教寺院被毁灭或被印度教占据。由此可见这一时期的印度教与佛教处在两种截然相反的境地。

公元16世纪，马拉王朝由于权力纷争而分裂，这其中位于尼泊尔谷地内的三个小王国在建筑艺术方面的成就最为抢眼，它们将尼泊尔的建筑艺术推向了高潮，这一时期也成为尼泊尔历史上值得称道的"文艺复兴"时期。此时的宗教建筑，首先是传统的尼瓦尔多檐式神庙有了层数上的提高（图2-8a）；其次古老的都琛式神庙逐渐演变成高大的"楼阁"样式（图2-8b）；最后是印度风格的锡克哈拉式（Shikhara）神庙建筑在尼泊尔谷地被尼瓦尔工匠进一步本土化，并成为尼泊尔宗教建筑中的一大特色（图2-8c）。此外在雕刻艺术上，砖雕和木雕的技艺变得越发精湛，工匠们将尼瓦尔式宗教建筑的细部雕凿得无比华丽。同时，随着金属铸造能力的提升，青铜雕塑和镀金的屋顶以及墙壁都大量出现于神庙和寺院中，成为宗教建筑中的"点睛之笔"（图2-9）。公元16—18世纪，尼泊尔谷地三个王国的皇宫广场上又先后建造了大量宗教建筑，街头巷尾中随处可见神龛或支提，辉煌的尼泊尔文明在宗教建筑的空前发展中得到升华。

当尼瓦尔宗教建筑无限繁荣之时，尼泊尔谷地外西部山区的诸侯国也开始向往这里的建设成果。其中值得一提的是廓尔喀人，他们的宫殿建筑群以及著名的玛纳卡玛纳神庙（Manakamana Mandir）都是这一时期修建的，并且从帕坦聘请了手艺精湛的工匠，建造了特色鲜明、样式美观的尼瓦尔风格。

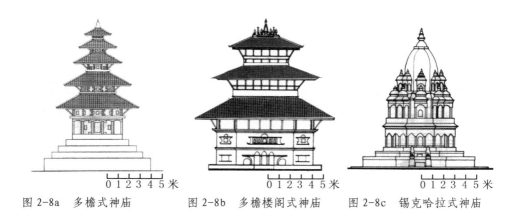

图2-8a　多檐式神庙　　　图2-8b　多檐楼阁式神庙　　　图2-8c　锡克哈拉式神庙

图 2-9a　镀金的青铜雕塑　图 2-9b　神庙上的金属屋顶

4.沙阿王朝时期的宗教建筑

从 1769—2008 年是廓尔喀人的沙阿王朝统治时期。在沙阿王朝早期，刚刚征服尼泊尔的廓尔喀人仍然表现出对于尼瓦尔建筑的浓厚兴趣，也修建了一些印度教神庙。然而到了 19 世纪中期，拉纳政府推崇印度教而排斥佛教，佛教建筑建造活动几乎停止。拉纳政府对于西洋建筑以及印度伊斯兰风格的建筑十分痴迷，并且崇尚供奉湿婆林伽[1]（图 2-10）。因此加德满都一带修建了一些带有穹顶的

图 2-10a　伊斯兰风格的穹顶神庙　图 2-10b　神庙内供奉的湿婆林伽像

---

1 湿婆林伽，印度教中象征男性生殖器的抽象之物，也是湿婆的象征。

白色伊斯兰风格的寺庙，如考莫查寺（Kalmochan），这些穹顶寺庙几乎都是用来供奉湿婆的。1934 年尼泊尔大地震后，一些重建或修缮的神庙也都采用了这种异域风格，譬如加德满都杜巴广场上的考特琳格湿婆神庙（Kotilingeshvar）。不得不说正是这些因素的相互作用促成了这一末代王朝的宗教建筑风格呈现出多样化的特征。

总的来说，沙阿时代是已经延续了 1 500 多年之久的尼瓦尔传统建筑衰败时期，但也是尼印、尼欧文化融合的时期，宗教建筑在这一阶段仍然在建造，只是缺少了中世纪时创新的勇气，更多的是模仿，如穹顶式神庙建筑。当然这与很久以前吸收印度锡克哈拉风格的宗教建筑并大胆创新完全是两回事。

第二节　建筑中蕴藏的宗教意向

宗教教义及理念对于尼泊尔宗教建筑到底有多少影响？我们认为这显然是无法估量的。因为它在尼泊尔宗教建筑设计意向中所占比重之大，直接导致其宗教建筑无论是外形还是建筑材料，几乎千百年来都一成不变。所以我们不能说尼泊尔宗教建筑的设计者不求创新而固守常规，要知道尼泊尔人将这些建筑视为神的居所，也认为这里是自己与神"接触"的地方，因此宗教建筑的设计必须严格执行教义中对于人间和宇宙关系的定义，这样不仅被视为为神灵建造在人间的居所，也被看做是将宗教建筑赋予了"神性"。

1. 曼陀罗世界的体现

（1）曼陀罗图形简介

曼陀罗起源于古代印度，它的梵文拼写为 Mandala，词根"Manda"有"本质""根本"的意思，后缀"La"意味着"包含""所包含"的意思，因此曼陀罗的意思是包含着宇宙的本体者[1]。这一解释虽然听起来有些抽象，但却告诉人们曼陀罗和宇宙有关，它是古代印度人对于天、地、人和神的一种解读，曼陀罗图形则是对曼陀罗思想理论更为形象化和平面化的一种概括和表达。这一宗教图形具有向心性和中心性，展现了宇宙和宇宙的中心，并将不同级别的神放置于相应的位置，从而形成了一个具有神性和法力的空间。这一图形不仅影响了相关的宗教理论，

---

1 沈亚军. 印度教神庙建筑研究 [D]. 南京：南京工业大学，2013.

同时也对当地的宗教建筑设计产生了重要影响。

尼泊尔宗教建筑和印度宗教建筑一样热衷于将曼陀罗图形所构画的空间体现在庙宇中。曼陀罗图形以圆形和方形为主，对于这两种曼陀罗形式印度教和佛教皆有自己的理解。

在尼泊尔印度教中方形的曼陀罗图形很受欢迎，因为方形被认为可以表达"精神的不朽""空间的永恒"以及"宇宙的秩序"，也体现了众神的世界，因而被修行者和信徒无限崇拜。以方形曼陀罗图形为蓝本设计的神庙被视为具有神性，被相信是神灵下凡后居住的地方，因此大批印度教信徒会涌入这里寻求神灵的庇佑。方形的曼陀罗图形也被看做是由一个"宇宙原人"（Vastupurusa Mandala）以特定的姿势形成的（图2-11）。在印度教古老的经典《吠陀经》中谈到，"宇宙原人"是由一种名叫"以太"的物质形成的，后被梵天坐于身下，而后梵天居中，众神围绕于他的四周形成了"梵天实体曼陀罗"，由此也逐渐形成了日后我们所见到的曼陀罗图形。"梵天实体曼陀罗"衍生出了方形和圆形两种曼陀罗图形，而圆形的曼陀罗图形代表世俗世界，尼泊尔印度教建筑的设计并不喜好以此为基础。

佛教特别是密教化以后对于曼陀罗图形也十分重视。据史料记载，当时佛教僧人在研习密法时，就会依据曼陀罗图形设计一个简易而赋有神性的土坛或区域，以便在这个"理想的环境"下心无杂念地修行。这一"理想的环境"代表着密教教义中所宣扬的极乐世界和无限的宇宙空间，而浓缩这一"理想的环境"的曼陀罗图形因为其特有的制作形式又被佛教称为"坛城"。密教对于圆形的曼陀罗十

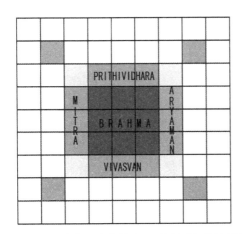

图 2-11 对比"宇宙原人"示意图与曼陀罗图形

分钟爱，因为在佛教的教义中圆形具有特殊含义，它代表着世界之初，同时也象征着生命的轮回。尼泊尔佛教的窣堵坡就是圆形平面，它们本身就是一个曼陀罗世界。佛教也使用方形的曼陀罗图形作为它们的宗教建筑平面，主要体现在寺院的建筑平面中，而位于那些寺院中的佛塔则是平面布局的核心，体现了万物万象聚集在一个精神核心上。

（2）曼陀罗图形在平面中的体现

尼泊尔的神庙设计者除了工匠外还有高僧或祭司，他们都可以熟练地将曼陀罗图形演化为宗教建筑的空间形式。在尼泊尔印度教与佛教都使用曼陀罗图形作为自己宗教建筑的设计蓝本，所以除了佛教的窣堵坡是圆形平面，其余的神庙和佛寺几乎都是正方形平面，笔者在比照神庙和佛寺平面后认为，两种宗教建筑类型的平面虽然各有特点，但总体上如出一辙。图 2-12a、b 分别为印度教神庙和佛教寺院平面，从中可以发现它们与曼陀罗图形之间的联系。尼泊尔宗教建筑将建筑核心位置作为放置神像和神龛的地方，而在周边以"环绕"的形式围合出理想化的建筑空间。可以说，这些布局严谨的平面完美地尊崇了曼陀罗图形。

2. 中心性的多重体现

（1）内部空间的中心性

从上文中可以看出，尼泊尔印度教与佛教建筑的内部空间（平面）都以曼陀罗图形为蓝本，并具有相应的中心。

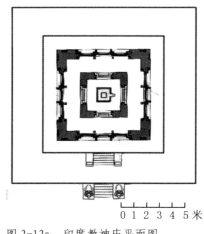

图 2-12a　印度教神庙平面图

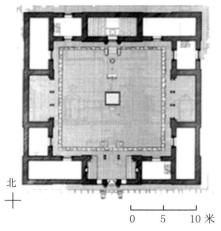

图 2-12b　佛教寺院平面图

尼泊尔印度教的神庙内部以密室（Sanction）为中心进行布置，这种封闭于室内的房间又被称为"子宫房"，因为它被认为是生命的胚胎，并且也象征宇宙的核心。这个小密室内通常安放神像，以供信徒膜拜。根据曼陀罗图形的位置，这里是属于主神的特定空间，是整座神庙最为神圣的地方，它与其上方所对应的建筑最高处尖顶处于同一轴线上，具有向上升腾的潜在力量，在信徒眼中连接着神界与人间（图2-13）。

而佛教寺院以院落围绕中心佛塔（或神龛）的内部空间布局也体现了佛塔的中心属性。佛塔在寺院中同样作为汇聚佛陀力量的源泉，同时被曼陀罗图形定义为宇宙的核心并向四周放射着能量（或称佛法）（图2-14）。

（2）建筑外形的中心性

尼泊尔宗教建筑尤其是印度教的多檐式神庙建筑有着极具特色的建筑外形，多檐式神庙被外界认为是吸收了中国或日本古塔的造型而形成的，实则不然。多檐式神庙的外形和中国及日本古塔只是形似而已，它们的外观其实体现了印度教的宗教意向，也就是说具有特殊的宗教寓意，不仅多檐式神庙如此，多檐楼阁式神庙、锡克哈拉式神庙、窣堵坡、支提也都是如此。

在尼泊尔的宗教信徒看来，每一座神庙、每一座佛塔，本身就是一个曼陀罗世界，即一个蕴含着神性的宇宙空间。这些宗教建筑都是中心对称的。就印度教的神庙而言，它的外形被认为源自宇宙之山须弥山，设计者们将山峰的形象抽象

图2-13　神庙与宇宙的联系

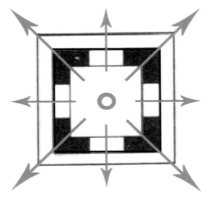

图2-14　神庙的法力向四周扩散

化于神庙建筑之上，将神庙的宝顶作为建筑立面构图的最高点，并且位于建筑中轴线上。他们认为宝顶可以汇聚宇宙诸神的力量，连接宇宙与人间（图2-15）。不仅如此，在尼泊尔印度教湿婆崇拜的教义中还将神庙的轮廓比喻

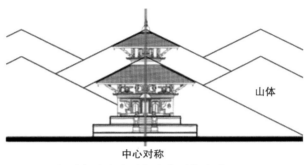

山体

中心对称

图 2-15　尼泊尔神庙外形与山体形状的对照

为冈仁波齐山[1]，据说这是湿婆当年修行居住过的地方。就佛教的窣堵坡而言，这个建筑本身也象征着宇宙。尤其是它位于中轴线上的塔刹部位除了表示连接宇宙佛国和人间外，也象征着密教无边的法力。而窣堵坡内部中轴线上贯通塔顶和塔基的木柱则寓意为"宇宙之轴"。

（3）建筑组群的中心性

说到宗教建筑组群的中心性又不得不谈及曼陀罗图形。通过观察曼陀罗图形不难发现，其位于图形中心的方格是全图核心位置所在，而四周的方格则环绕簇拥着核心方格，主次分明，主从关系明显。这样的构图格局自然也被设计者应用于宗教建筑组群的位置关系中。位于加德满都杜巴广场的印度教塔莱珠神庙（Taleju Mandir）就是这种形式的实例（图2-16）。

由塔莱珠神庙的平面可以看出，其建在12层基座之上，该神庙为组群形式，整个神庙组群的平面为正方形，主庙塔莱珠神庙居于中央，塔莱珠神庙四角有4座小神庙，外围还有12座小神庙呈围合式布置。该神庙组群的布局与曼陀罗图形完全吻合，即神庙供奉的主神居中，四角的位置则用来安放守护神，更外围布置相应的附属神灵，所有附属的神灵及所在神庙都呈现出由四周向中心聚集的态势，突出了中央主要神庙的中心感，而整个建筑组群又构成了一个完美的宇宙空间，并形成了一个如坛城般具有无限法力的阵域，从而呈现出了符合宗教教义的理想圣地。

1　冈仁波齐山，位于西藏，是冈底斯山主峰，形似金字塔，终年积雪不化，被藏传佛教、印度教、苯教等教派奉为神山和世界的中心。

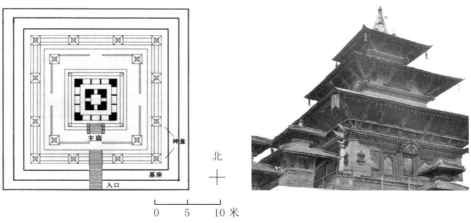

图 2-16　塔莱珠神庙的平面图（左）及主庙实景图

3. 膜拜路线的方向性

尼泊尔宗教建筑的产生除了供奉神灵和塑造抽象的宇宙空间外，更为实际的作用是引来信徒以便膜拜，这也是宗教生存和发展不可缺少的重要环节，因为只有让信徒与信奉的神灵直接对话，才能构成凡人与神之间的联系，才能让凡人感受到宗教的力量，从而对宗教产生依赖并且顺从。

尼泊尔的宗教建筑是神灵的空间，也是人和神（佛陀）接触的地方，信徒如何去膜拜神灵自然成为尼泊尔宗教建筑中宗教意向的另一个重要体现。这里的宗教意向就是指膜拜这些神灵的路线。

以尼泊尔印度教神庙建筑为例，从室外进入室内即刻可见处于光线幽暗环境中的核心密室，密室中供奉着信徒所要膜拜的某位神灵，在香烟缭绕氛围下的神灵，烘托出一种神秘感。在宗教祭司的指引下，信徒按照特定的路线进行更进一步的膜拜活动，他们按照顺时针的方向围着神庙中央的密室绕行，并且始终让神灵位于自己的右手边。据说这样做可以提升修养以及表达对神灵的崇敬之情。笔者在实地调研时亲眼见过大批信徒云集于尼泊尔西部的山顶神庙玛纳卡玛纳神庙（Manakamana Mandir）进行膜拜，笔者发现印度教神庙建筑的设计充分考虑到了信徒的膜拜路线。大批信徒排着队有条不紊地先在神庙的外廊绕行一圈，而后再进入神庙内部围绕着中心密室再绕行一圈，在这一过程中每一位信徒都显得十分虔诚。膜拜路线的方向性说明了宗教建筑是组织人与神进行交流与沟通的中间媒介，表现出引导信徒去"召唤"神灵庇佑的宗教意向（图2-17）。

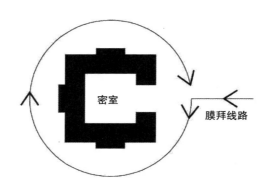

图 2-17　膜拜线路示意图

小结

尼泊尔宗教建筑的发展大致可以分为四个阶段，而这四个阶段正好可以以尼泊尔四个王朝统治的时间划分，即基拉底王国时期为尼泊尔宗教建筑发展的初期，李察维王朝时期为发展时期，马拉王朝时期为成熟期（即顶峰），而沙阿王朝时期为其衰落期。

尼泊尔宗教建筑中的宗教意向体现了尼泊尔建筑设计者对于其宗教教义的严格遵从，成为宗教建筑设计与建造过程中不可忽视的一部分，他们通过这些宗教因素将宗教建筑赋予了神性。但是，当我们辩证地思考这一现象时我们又会发现这些不可违背的宗教意向对尼泊尔宗教建筑，尤其是建筑空间的发展形成了束缚。

第三章　尼泊尔宗教建筑的类型及特征

尼泊尔的宗教建筑不仅历史悠久，而且种类繁多，且各具特点。在尼泊尔你会看到传统的尼瓦尔多檐式神庙、民居风格的佛教寺院，还有样式独特的尼泊尔式窣堵坡、雕刻精美的支提以及印度风格的石砌庙宇，它们充分展现了尼泊尔建筑设计者的智慧以及工匠精湛的建造技艺，并且对于我们解读尼泊尔的历史和文化意义非凡。

第一节 主要宗教建筑类型

尼泊尔宗教建筑主要分为印度教建筑和佛教建筑两大类。印度教建筑主要有都琛式神庙、多檐式神庙、尼泊尔风格的锡克哈拉式神庙以及伊斯兰风格的穹顶式神庙。佛教建筑主要是窣堵坡、寺院以及支提。每一种宗教建筑形式都有相应的发展历程、派生类别、功能布局以及建筑要素。

1. 都琛式神庙

（1）样式起源

都琛式神庙（Dyochhen Style Mandir）是一种类似于尼瓦尔民居的神庙建筑，它的起源可以追溯到基拉底时代[1]。当时它是一种简易且砖木结构搭建的建筑形式，主要设立于城镇的中心地带，里面供奉着印度教女神的雕像。据说，尼泊尔谷地中现存最早的都琛式神庙可以追溯到 1467 年，当时的马拉国王亚克西亚·马拉修建了一座该型神庙用来供奉毗湿奴以哀悼他死去的爱子。都琛式神庙无论在门窗样式还是屋顶形式上都和尼瓦尔民居十分类似，主要区别在于它的两坡顶上安装有宝顶，神庙门前有一对石狮子作为守卫，还有一些辅助性的宗教题材的雕刻作为装饰（图 3-1）。这

图 3-1 都琛式神庙

1 Sudarshan Raj Tiwar. Temples of the Nepal Valley [M]. Kathmandu: Sthapit Press, 2009.

一古老的神庙类型今天仍然存在，例如加德满都因陀罗广场边的阿卡希·拜拉弗神庙（Akash Bhairav Mandir），如今这座神庙已经被装饰得富丽堂皇。

（2）样式演变

随着尼泊尔宗教的进一步发展，最早的都琛式神庙样式已经无法满足宗教团体的需求。为了进一步表达对于神灵的敬重，热忱的信徒们在都琛式神庙屋顶中央树立起一个塔楼式的小神龛，并在里面供奉神像，形成一种独特的城市宗教建筑风格（图3-2）[1]。然而到了尼泊尔中世纪时期，本是"平民级别"的都琛式神庙却有了脱胎换骨般的变化。

图 3-2　屋顶带"神龛"的都琛式神庙

中世纪时尼泊尔谷地出现了一种高大雄伟的楼阁式神庙建筑，这一建筑类型很可能是受到了都琛式神庙的影响而逐渐形成的。帕坦杜巴广场的德古塔莱珠神庙（Degutaleju Mandir）、吉尔提普尔（Kirtipur）的老虎拜拉弗神庙（Bagh Bhairab Mandir）以及巴德岗陶马迪广场（Taumadhi Square）的拜拉弗神庙（Bhairab Mandir）都属于这种建筑类型（图3-3）（笔者将这种建筑类型的神庙取名为"多檐楼阁式神庙"）。这种风格也是尼瓦尔式神庙建筑中造型高大并可堪称雄伟的

1 Sudarshan Raj Tiwar. Temples of the Nepal Valley [M]. Kathmandu: Sthapit Press, 2009.

图 3-3a　帕坦德古塔莱珠神庙　　　图 3-3b　陶马迪广场拜拉弗神庙

建筑样式，它的外貌彰显了一种皇家气派和威严的宗教气息，标志着尼泊尔宗教建筑中一种前进的发展态势。

（3）平面布局

都琛式神庙的平面通常为长方形，其平面图形并不符合曼陀罗图形，因为这一宗教建筑类型源自于市井民居建筑形式。"都琛"（Dyochhen）在尼瓦尔语中意为"神灵之家"。早期的平面布局上需要考虑到信徒的集体朝拜和相应的宗教仪式，因此一层为大厅，格局也与一般的民居相似，二层布置神龛以便膜拜和举行宗教仪式之用[1]。

前文提到的大型多檐楼阁式神庙，其平面形式就是由都琛式神庙建筑平面演变而成的，但它更趋向于一个大型的建筑综合体。如拜拉弗神庙一类的非王室家庙建筑平面是长方形的，一层主要是大厅，二层改为供奉神像的神殿。二层以上为其他用途的房间，包括具有私密性的祈祷室。而作为王室家庙的德古塔莱珠神庙的平面则是正方形的，主要神像供奉在内部的核心密室中，同时建筑上部空间还需要为国王等王室成员准备休息室、祈祷室和举行祭祀仪式的大厅，这种建筑普通人无法进入（图 3-4）。

---

1 周晶,李天.加德满都的孔雀窗——尼泊尔传统建筑 [M].北京：光明日报出版社，2011.

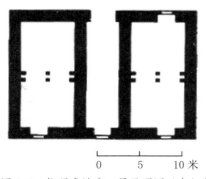
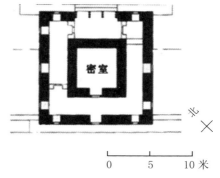

图 3-4　都琛式神庙一层平面图（左）和楼阁式的德古塔莱珠神庙一层平面图（右）

2. 多檐式神庙

（1）样式起源

多 檐 式 神 庙（The Multi-Roofed Style Mandir）建筑属于传统的尼瓦尔式建筑中最具特色的一种建筑类型，它们主要集中在尼泊尔谷地及其周边地区，其造型与山谷中秀丽的群山交相呼应，构成了尼泊尔独特的建筑景观。这种古老的建筑样式总是给人以强烈的视觉冲突，因为它们有着强烈的向上升腾的动感和金字塔一般的外形（图 3-5）。自从这种建筑在 20 世纪初被外界所发现后，世人一直使用"Pagoda"（塔）一词来称呼它们，因为它们从外形上看起来与中国和日本的佛塔极为相似[1]。

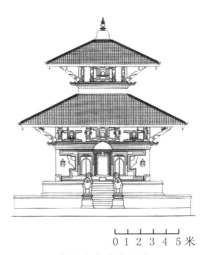

图 3-5　传统的多檐式神庙

多檐式神庙在尼泊尔谷地的历史已有 1 500 多年，而历史学家甚至认为它出现得时间更早，可能是公元前的基拉底时代。据资料记载，尼泊尔早在公元前 2 世纪就已经出现砖，因此用砖和木材去修建神庙并非不可能[2]。早期的多檐式神庙造型较为朴素简单，建筑层数最高也只有两层，其原因多是为当时的营

1、2 Sudarshan Raj Tiwar. Temples of the Nepal Valley [M]. Kathmandu: Sthapit Press, 2009.

造水平和施工技术所限，而且木材宜腐蚀、虫蛀且易燃，所以很难长久保存。然而随着技术水平的提升，12 世纪以后，出现了更多屋顶叠加的神庙建筑，譬如加德满都杜巴广场上的加塔神庙（Kastha Mandap，又名独木庙），它就是多檐式神庙在当时发展程度的最好呈现，虽然其外

图 3-6　加塔神庙

形简单，并具有一定的民居特质，但已经算是现如今我们所看到的多檐式神庙建筑的雏形了（图 3-6）。

　　多檐式神庙建筑作为一种建筑类型在 17—18 世纪时已变得十分成熟。正值尼瓦尔建筑艺术发展的重要阶段，尼泊尔谷地大兴土木修筑宫殿和神庙，并将这一延续了千年之久的建筑样式发展到了极致，形成了延续至今且风格独特的尼瓦尔标志性的建筑样式。在这两百多年间，多檐式神庙的建筑形制更为统一，更加模数化，并派生出带有外廊和多层基座的新式神庙样式。神庙外立面上还出现了具有支撑作用的斜撑（Strut）（图 3-7）和精美的雕刻，更重要的是建筑层数由早先的两层提升到三层或五层，而且建筑体量逐层递减，整体比例协调，显得华丽大气（图 3-8）。有历史学家指出，神庙的高度与其供奉的神灵无关，而是与宗教仪式有关，这一点尚未被证实。此外，由于当时谷地相对闭塞，因而这一建

图 3-7　神庙屋檐下的斜撑

图 3-8　五层屋檐的神庙

筑样式主要集于此地而没有向外广泛传播，一直都是由当地的尼瓦尔建筑师和工匠进行设计并代代相传。多檐式神庙是尼瓦尔建筑的杰出代表和标志化的建筑形象，这种建筑风格也体现了尼瓦尔传统建筑跨越时代的延续性。

（2）样式演变

多檐式神庙的建筑样式在16世纪时初步定型，形成了今天我们所看到的尼瓦尔多檐式神庙的基本风格。经过笔者的分析与总结，这一建筑类型可以细分为三种样式：多檐无外廊式神庙、多檐有外廊式神庙以及多檐楼阁式神庙（图3-9）。

图 3-9a　多檐无外廊式神庙

图 3-9b　多檐有外廊式神庙　　图 3-9c　多檐楼阁式神庙

| 塔莱珠神庙(大型) | 贾甘纳神庙(中型) | 纳拉扬神庙(小型) |

图 3-10　多檐无外廊式神庙"大、中、小"三种类型的代表性神庙

　　多檐无外廊式神庙是从早期的德瓦库拉式神庙逐步演变而成的，其定型的大体时间是 14—16 世纪。这种样式的神庙属于多檐式神庙的早期类型。它的主要特征是：屋檐数量少（一般为两层），一层无外廊，神庙底部无基座或有一至两层小基座，建筑体量显得敦实厚重。这一样式的多檐式神庙又可分为大、中、小三种体量。大型体量的神庙典型实例是加德满都杜巴广场上的塔莱珠神庙（Taleju Mandir），它的占地面积为 400 平方米左右；中型体量的神庙典型实例是加德满都杜巴广场的贾甘纳神庙（Jagannath Mandir），它的占地面积是 100 平方米左右；而小型体量的神庙建筑实例是加德满都的纳拉扬神庙（Narayan Mandir），它的占地面积仅为 4 平方米（图 3-10）。

　　多檐有外廊式神庙的形成年代大致是 17 世纪，笔者认为它是由多檐无外廊式神庙演变过来的。这种神庙建筑与无外廊式神庙的区别在于，外立面上可以看到建筑一层有一圈外廊，屋檐数量增加至 3 层以上，神庙通常坐落于多层基座上。而笔者认为，这种多层基座风格是在后来的神庙参考了塔莱珠神庙的基座形式后出现的。多檐有外廊式神庙的典型实例是加德满都杜巴广场的玛珠神庙（Maju Mandir），它是一座带有外廊风格的神庙，其底部有九层基座，这种样式的神庙看起来显得高挑而清秀（图 3-11）。

0 1 2 3 4 5 米

图 3-11　玛珠神庙

多檐楼阁式神庙的形成年代也在17世纪。由于它看起来很像中国古代的楼阁，因此笔者将其命名为楼阁式。从外形看，它的体量巨大，远远超过其他样式的多檐式神庙。据笔者查阅

图 3-12a　巴德岗的拜拉弗纳神庙　图 3-12b　中国的楼阁建筑

文献得知，这种建筑形式最初是从多檐无柱廊式神庙的样式中受到的启发[1]，同时笔者还认为上文提到的都琛式风格对其的影响不可忽视。这种神庙的典型代表是巴德岗陶马迪广场的拜拉弗纳神庙（Bhairabnath）（图 3-12）、帕坦杜巴广场的德古塔莱珠神庙以及比姆森神庙。而佛教建筑中也出现了这种建筑类型，比如帕坦黄金寺（Golden Temple）的佛殿就是标准的多檐楼阁式建筑。

（3）平面布局

多檐式神庙的建筑平面通常都是正方形的。这主要是因为神庙的建造必须严格遵守曼陀罗图形的形状和空间布局，他们认为只有这样神庙才具有神性。神庙的寓意还可以从立面上进行定义，因为神庙建筑本身从外形上就被视做宇宙中心的须弥山[2]，信徒走上神庙的层层台阶就如同登上圣山进行朝拜。

神庙参照的曼陀罗图形被视为一个抽象化的宇宙空间。它是一个正方形的图形，通常被划分成64个或81个小方格。建筑师将中央9个方格组成的正方形空间作为神庙的核心部位，即中心密室，最中心的方格用来供奉神像。周围一圈小方格分别代表特定的神位，各有其含义，这一圈通常作为神庙辅助空间或外墙所在的位置。

神庙的平面主要分为两种形式。第一种为"口"字形平面（图 3-13）。这种平面通常将神像布置在平面中央或后墙前的位置上，周围直接用砖砌墙加以围合，

---

1 Wolfgang Korn. The Traditional Architecture of the Kathmandu Valley [M]. Kathmandu：Ratna Pustak Bhandar,1976

2 须弥山，古印度神话中位于世界中心的山，后为佛教的宇宙观所引用，并对佛教建筑产生深刻影响。

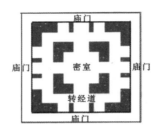

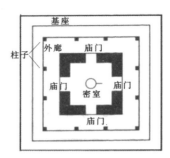

图 3-13　口字形平面　　　图 3-14　回字形平面（左：无外廊　右：有外廊）

并分为四面开门、三面开门或一面开门，尼泊尔著名的印度教神庙昌古纳拉扬寺庙（Changu Narayan Temple）就是这种平面形式，并四面开门，而第二种为"回"字形平面，又可再分为有外廊和无外廊两种形式（图 3-14）。但是两种形式并无实质性区别，通常最里面的一圈围合空间作为供奉神像的密室，外面一圈则用墙体（无外廊）或柱廊（外廊）进行围合，两圈围合物中间的一圈走道作为转经道使用。加德满都杜巴广场上的玛珠神庙（Maju Mandir）是典型的回字形外廊式布局，而巴德岗杜巴广场上的帕斯帕提纳神庙（Pashupatinath Mandir）则是标准的回字形无外廊形式。

　　（4）神庙结构

　　多檐式神庙的基本结构形式极富尼泊尔本土特色。这是一种套管式逐层收缩的结构。笔者将以"回"字形无外廊檐式神庙结构形式为例进行分析（图 3-15）。"回"字形檐式神庙的第一层通常是内外双墙，中间为核心密室，双墙之间为转经道。外墙只负责承接下部的大屋檐，而神庙的屋顶主要压在内部的墙体上。内部墙体如"望远镜"镜筒一般向上升起，形成更高一层的新空间，但是室内面积比下部有所减少。

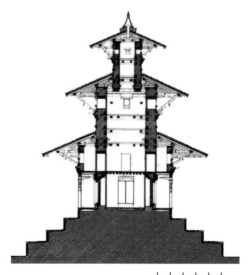

图 3-15　回字形有外廊式神庙剖面

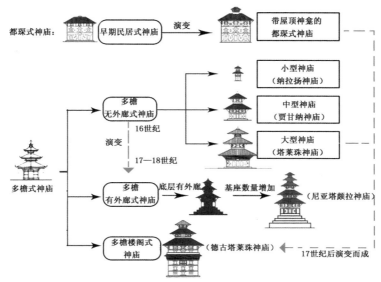

图 3-16　传统尼瓦尔式神庙的演变流程图

　　套筒式的空间形式千百年以来几乎没有发生变化，它导致多檐式神庙建筑内部的空间用途十分单一，因为神庙除了布置神像外很难再有其他用途。笔者认为，正像许多古老文明中的建筑一样，尼泊尔人也将更多的时间和精力花费在装饰建筑的外立面上，而对于内部空间则忠实于传统和宗教信仰。这从某种程度上讲忽视了建筑对于人的意义，是过度追求建筑象征性的体现。

　　图 3-16 为笔者总结与梳理出的传统尼瓦尔式神庙的演变流程图（图 3-16）。

3. 锡克哈拉式神庙

（1）样式起源

　　锡克哈拉式神庙（Sikhara Style Mandir）并非尼泊尔本土的宗教建筑样式。它起源于印度，后来逐步传入尼泊尔并慢慢发展成了今天尼泊尔特有的神庙建筑形式。这种神庙通常用砖或石材砌筑，样式精美，造型独特，与尼泊尔代表性的尼瓦尔宗教建筑截然不同，成为尼泊尔宗教建筑体系中的另一大特色，令观者赞叹。

　　锡克哈拉式神庙出现于公元 5 世纪，在 10 世纪左右发展成熟，它在印度又称为 "Nagara" 式神庙 [1]。锡克哈拉有 "突起的山峰" 之意，它的外形近似于锥体，

---

1 Sudarshan Raj Tiwar. Temples of the Nepal Valley [M]. Kathmandu: Sthapit Press, 2009.

立面上有一层一层突起的线脚，表面雕刻细腻而繁复，在顶部有一块名为"阿摩洛迦"[1]的圆饼形石盘，其上还有宝顶（图3-17）。锡克哈拉式神庙带有石材的冷峻感，与砖木结构的宗教建筑形成鲜明对比。这种神庙主要集中在印度中央邦的查塔普尔县的卡拉朱霍（Khajuraho）和印度南部地区。

图 3-17　印度锡克哈拉式神庙

其中著名的卡拉朱霍神庙群是英国人于1840年发现的，这里可谓是锡克哈拉式神庙的博物馆，有多达85座的神庙，它们个个精雕细刻且如同矗立的竹笋一般使人印象深刻。印度的历史学家曾指出，这种锥体建筑样式可能源于古代用来遮蔽宗教祭坛的简易竹制建筑物。

图 3-18　神庙上的"库塔"

这种建筑风格在公元10世纪以后传至尼泊尔西部山区，那里有一个名叫卡萨（Khasa）的王国曾经修建过这类神庙[2]。锡克哈拉式神庙直达16世纪才传入尼泊尔文明的核心区域——尼泊尔谷地。

（2）发展及演变

锡克哈拉式神庙于公元16世纪传入尼泊尔谷地，初期当地人只是单纯地模仿印度样式。它被谷地的尼瓦尔人称为格兰特库塔（Granthakuta）式神庙，其中"库塔"（Kuta）指神庙上一种类似于神龛的小建筑（图3-18）[3]。值得一提的是，尼泊尔当时的统治者马拉人正是来自于西部，他们对这一具有原始美和强烈雕塑感

1　"阿摩洛迦"，圆饼形冠状盖石，据说其原形是遮蔽祭坛的竹制建筑上用以稳定结构的石头。

2　Michael Hutt. Nepal-A Guide to the Art & Architecture of the Kathmandu Valley [M]. New Delhi:ADROIT,1994.

3　Sudarshan Raj Tiwar. Temples of the Nepal Valley [M]. Kathmandu: Sthapit Press, 2009.

的神庙样式丝毫没有排斥之感，反而命人将这种造型奇特的建筑修建在自己王宫前的杜巴广场上。

尼泊尔谷地初期的锡克哈拉式神庙除了大部分和印度锡克哈拉神庙一样使用石材砌筑外，一小部分则使用砖头修建，较为典型的实例就是纳拉森哈神庙（Narasimha Mandir）。这座格兰特库塔式神庙建于公元1589年，位于帕坦杜巴广场，是红砖砌筑的锡克哈拉样式神庙，从整体上看其外形与印度同类神庙十分相似，但是细部装饰有所简化，风格上更靠近尼瓦尔式建筑（图 3-19）。

17 世纪时，尼泊尔锡克哈拉式神庙的建筑风格基本定型，仿印风格的格兰特库塔式神庙很少再建造。这一时期，锡克哈拉式神庙在不断的建造过程中逐渐衍生出尼泊尔特色（图 3-20）。谷地的工匠对其进行了改造，在入口门廊上广泛使用名叫"库塔"（Kuta）的小神龛。这种神龛既可以用来供奉守护神，又可以作为神庙的窗户使用。值得注意的是，此时的尼泊尔锡克哈拉式神庙已经和印度锡克哈拉式神庙有了明显的区别。印度的锡克哈拉式神庙高大雄伟，入口处有突出的门廊，建筑主体（锥体）体量逐渐减小，顶部有圆盘装饰构件。印度北部卡拉朱霍地区的神庙就是这种神庙样式的典型。而在尼泊尔本土化后的锡克哈拉式神

图 3-19　早期的尼泊尔锡克哈拉式神庙

图 3-20　风格定型后的尼泊尔锡克哈拉式神庙

庙保留了神庙的锥体结构，但是上部很尖，显得极为精致。建筑在体量和轮廓上显得朴素而轻盈，没有印度神庙的厚重感和过于奢华的装饰。同时还加入尼瓦尔神庙特有的外廊风格、莫卧儿风格的小亭子以及库塔小神龛，将建筑立面装饰得丰富多彩而又井井有条。帕坦杜巴广场的两座克里希纳神庙（Krishna Mandir）就是这一时期尼泊尔本土化锡克哈拉神庙的代表作（图 3-21）。

图 3-22 为笔者总结和梳理的锡克哈拉式神庙的演变过程图。

图 3-21 帕坦杜巴广场上的两座锡克哈拉式神庙

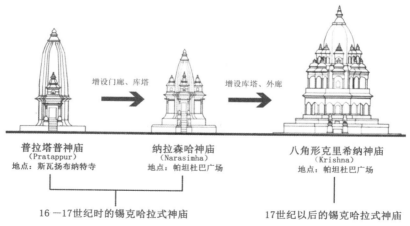

图 3-22 尼泊尔锡克哈拉式神庙的演变过程示意图

（3）平面布局

尼泊尔锡克哈拉式神庙的平面分为方形和多边形，多边形的较为罕见，现存实例仅发现帕坦杜巴广场的八角形克里希纳神庙。这座克里希纳神庙平面样式与传统的尼瓦尔多重檐式神庙相同，每层平面面积逐层减小。在一层神殿外配有一圈柱廊，并设置有密室和连通上下层的楼梯。二层除密室外还有8个亭子，其中4个为库塔。三层也有8个亭子以及1个中心密室。在更上方锡克哈拉锥形塔顶中部，有4个库塔镶在4个立面上。据说在这里还有一个密室，里面供奉着湿婆林伽（图3-23）。

4. 穹顶式神庙

（1）产生背景

尼泊尔的穹顶式神庙（Dome Style Mandir）出现的年代较晚，大致在19世纪中期，这也是一种非传统风格的神庙类型。它的造型有着浓郁的伊斯兰风格，且主要分布在尼泊尔谷地和尼泊尔南部地区。

穹顶式神庙是廓尔喀沙阿王朝统治者较为偏爱的神庙形式。公元1769年，廓尔喀人征服尼泊尔谷地建立了强大的军事帝国——廓尔喀帝国，称雄南亚。沙阿王朝初期，统治者对于传统的尼瓦尔式神庙建筑仍然推崇，著名的加德满都湿婆及帕尔瓦蒂神庙（Shiva-Parvati Mandir）就是这一时期修建的，它们是传统的尼瓦尔式神庙建筑。在1846年忠格·巴哈杜尔·拉纳（Jang Bahadur Rana）发动政变夺取帝国的实际控制权后，宫殿建筑多呈现维多利亚风格，而尼泊尔宗教建筑的发展则逐步呈现莫卧儿（伊斯兰）风格（图3-24）。这主要是由于拉纳在政治上已沦为英国人在南亚的附

图3-23a 克里希纳神庙剖面图

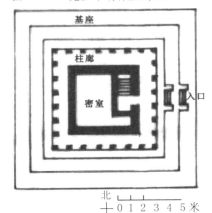

图3-23b 克里希纳神庙一层平面图

庸，与英属印度的交往密切，其本人也在 1850 年出访欧洲并深受触动。因此，大量的外国建筑风格和装饰性元素在拉纳政府的积极倡导下涌入尼泊尔，选择了维多利亚风格、新古典主义风格甚至印度的伊斯兰风格，穹顶式神庙建筑正是在这一历史背景下产生的。

（2）造型特点

沙阿时期穹顶式神庙风格极为流行，样式也颇为独特。这种风格的神庙一般都建在三层砖砌台基上，建筑平面为正方形，神庙由穹顶、中部建筑主体和底部三个部分组成。底部通常为四柱三开间式布局，四个壁柱以及中间的拱

图 3-24　伊斯兰风格的神庙

门都受到伊斯兰风格的影响。而壁柱支撑檐口，檐口下部有一圈红色的植物花纹图案。中部建筑主体中人称"脖子"的部位，建筑体量相对一层等比收缩。顶部则是一个大穹顶，其上还雕刻有莲花瓣式的装饰图案。在穹顶上是镀金的覆钵型宝顶，并在四个方向上安装有蛇神那伽（Naga），造型如同伞架（图 3-25）[1]。

莫卧儿风格的神庙样式是历史上伊斯兰建筑风格第二次对尼泊尔建筑产生影响[2]。这种有穹顶的寺庙被大量地用在供奉湿婆林伽的神庙上，因为在拉纳政府统治时期，极为流行膜拜湿婆林伽。1934 年地震后作为权宜之计，被损毁的湿婆庙都加了穹顶。这样做主要是因为穹顶的结构较为简单便捷，然而却间接推动了新风格的发展（图 3-26）。

5. 窣堵坡

（1）发展及演变

窣堵坡（Stupa）也可称为"佛塔"，它是尼泊尔佛教建筑中一种重要的建筑类型，是尼泊尔佛教信仰的标志。窣堵坡起源于印度，最初是用来埋藏佛陀遗骨

1、2 Sudarshan Raj Tiwar. Temples of the Nepal Valley [M]. Kathmandu: Sthapit Press, 2009.

图 3-25a　穹顶式神庙实景图　　　　3-25b　穹顶式神庙立面图

图 3-26　尼泊尔 1934 年大地震后修复的神庙

的实心大坟堆，并最终演变为佛教的一种建筑类型和重要象征。窣堵坡作为纪念佛陀的圣迹至今已有两千多年的历史，它是建筑与宗教意向完美结合的典型实例。窣堵坡在其漫长的发展过程中又被人为赋予了许多含义。在尼泊尔，它除了是象征佛教的纪念碑外，还代表着宇宙，它的覆钵体象征着山丘，下部塔基好比承托佛塔的海面，连接它们的内柱代表世界轴心，而其建筑本身又成为佛教信徒膜拜行为的指示性坐标。窣堵坡本身的建筑风格在不同地域、不同时代而不断演变。众所周知，它先后出现在亚洲许多国家，譬如中国、印度尼西亚、缅甸、泰国、尼泊尔以及斯里兰卡等国家。这种宗教建筑形式融入当地后，逐渐形成了具有当

图 3-27　南亚的窣堵坡: 印度窣堵坡（左）、尼泊尔窣堵坡（中）、斯里兰卡窣堵坡（右）

地特色的不同风格的窣堵坡造型（图 3-27）。

　　当前尼泊尔境内的窣堵坡有保存完好的建筑实物，也有荒废于草丛中的废墟遗迹（图3-28）。其中最具代表性的窣堵坡当属加德满都的斯瓦扬布纳（Swayambhu）窣堵坡。据说它是谷地历史最为悠久的窣堵坡，早在尼泊尔谷地形成之初，佛教徒就根据传说在谷地莲花盛开的吉祥之地建造了这座窣堵坡，并取名斯瓦扬布，

意为"自体放光"，以希望它的佛光可以普照尼泊尔谷地。最初的斯瓦扬布纳窣堵坡造型与印度的相差无几，即简单地模仿，主要都是由: 基座、覆钵体、塔颈、相轮、华盖和宝顶所组成。而据尼泊尔国家博物馆提供的资料可见，现今斯瓦扬布纳窣堵坡的造型是公元 16 世纪时才形成的[1]。彼时谷地的窣堵坡风格已经形成，完成了尼泊尔本土化的改造（图 3-29）。

　　从 1637 年绘制的斯瓦扬布纳窣堵坡的图像上可以看出，尼泊尔本土化以后的窣堵坡主要特点是: 整体上仍然是以三要素即塔基、覆钵体和塔刹为主。塔基

图 3-28　尼泊尔早期窣堵坡的遗址

1 Patan Museum. Patan Museum Guide [M]. Nepal, 2002.

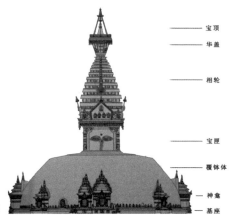

宝顶

华盖

相轮

宝匣

覆钵体

神龛

基座

图 3-29a　斯瓦扬布纳窣堵坡　　　3-29b　　斯瓦扬布纳窣堵坡立面图

象征土，塔身象征水，塔刹中的十三天和华盖分别象征火和风，而最顶上的尖顶象征天空，同时也暗示密教无边的法力。"三大部位、五大象征"几乎可以用于尼泊尔所有的窣堵坡上。窣堵坡的基座成阶梯状，可以烘托起窣堵坡，增加窣堵坡的高度。塔身的形状起初有许多种类，但是最终尼泊尔的窣堵坡秉承下来了早期印度窣堵坡的基本形制。在尼泊尔著名的博得纳窣堵坡中，信徒还会将心爱的覆钵体刷成白色并在其上泼洒橙黄色的颜料以绘制装饰性的图案。尼泊尔窣堵坡覆钵体上还会有礼佛用的壁龛，里面供奉有佛像。在斯瓦扬布纳窣堵坡，这些壁龛被放大成独立的神龛，甚至用镀金工艺加以装饰。此外，每一个窣堵坡内都有一根贯通上下的木柱，被称做"世界之轴"。这根柱子也贯穿着覆钵体，并一直连接到塔底装有骨灰或圣物的箱型体中。塔刹由宝匣、相轮、华盖和宝顶四个部分组成。其中最具尼泊尔特色的是宝匣（Harmika），它可能是从印度窣堵坡的塔刹演化过来的，是放置圣物的箱子，宝匣四面均画有一双眼睛。以斯瓦扬布纳窣堵坡为例，尼泊尔人将宝匣作为装饰的重点，在四壁上绘制了四双生动的"慧眼"，即佛眼。眼睛下部有一个如鼻子一般的符号，那是尼泊尔语中"1"的意思，据说，"1"代表时间现象显现的不二性。四对佛眼既表示佛的存在，又象征佛对于凡人内心的解读与审视。

　　尼泊尔本土化后的窣堵坡特色鲜明，它与印度窣堵坡的区别在于：覆钵体上出现九座大型佛龛并供奉相应的神灵；在窣堵坡内部出现一根代表"世界之轴"的木柱；在塔刹部分出现绘有四对佛眼的宝匣。

（2）样式分类

笔者将尼泊尔的窣堵坡分为两大类。第一类是坟冢型窣堵坡（图3-30）[1]。坟冢型窣堵坡较为简单，没有华丽的装饰，特点是在塔基处有一圈高1米左右的砖墙，上面的覆钵体塔身实际上为土丘，看起来如同坟堆。而窣堵坡的塔刹部分较为朴素，没有过多的装饰性构件。这类窣堵坡的典型代表就是帕坦城（Patan）的四座"阿育王"窣堵坡，它们看起来有些像印度早期的桑奇（Sanchi）窣堵坡。笔者查询史料后分析它应该是早期直接仿造过来的。

第二类是本土化后的礼佛型大窣堵坡（图3-31）[2]。礼佛型窣堵坡的覆钵体是由泥土和砖共同砌筑的，并在外表涂抹砂浆一类的材料找平，使覆钵体看起来浑厚饱满。覆钵体上部的塔刹组成构件较为复杂，而且是各种宗教含义附着的地方，其中宝匣可以盛放圣物并有慧眼警示世人，相轮层层叠叠象征佛教的高尚，华盖覆盖金属并悬挂帐幔表示涅槃的功绩，而宝顶高达数米且铜质鎏金如同王冠上的宝石。这类窣堵坡的典型代表就是加德满都的斯瓦扬布纳和博得纳窣堵坡。但是我们必须清楚的是，装饰华丽的窣堵坡并不是一次性建成的，它们在尼泊尔漫长的历史中不断被加入新的装饰构件或重新涂刷，可以说今天的窣堵坡造型和它们最初的样貌已经截然不同了。笔者认为，礼佛型

图3-30　坟冢型窣堵坡

图3-31　礼佛型窣堵坡

1、2 张曦. 尼泊尔古建筑艺术初探 [J]. 南亚研究，1991（04）.

的大窣堵坡不但具有观赏价值而且还有着标志性的宗教意义，它对于信众沐浴佛法，聆听佛的教诲十分有益。

（3）功能布局

尼泊尔的礼佛型窣堵坡是最具尼泊尔风格的窣堵坡样式。通常意义上，窣堵坡除了作为佛教的纪念碑或佛祖的坟冢以外，还有供信徒步行环绕以便诵经祈福的特殊用途。而尼泊尔窣堵坡在这一"特殊用途"上形成自己的与众不同之处。

以斯瓦扬布纳窣堵坡为例，该窣堵坡平面为圆形，但是在东西南北四个主要方向上分别建造有九座神龛，这些神龛"镶嵌"在覆钵体上，通体镀金，分别供奉着"五佛四明妃"的镀金造像。这种布局形式的形成，是因为尼泊尔佛教徒信奉密教并融入了西藏的五方佛体系，尼泊尔密教喜欢将窣堵坡看做一个整体的佛陀形象，即毗卢佛（即大日如来），而四面又分别添加阿閦佛（即不动如来）、无量光佛（即阿弥陀佛）、宝生佛（即宝生如来）以及不空成就佛（即不空成就如来），并匹配他们各自的配偶明妃，将窣堵坡塑造成现实版立体的五方佛体系。它的意义非凡，它使得信徒更加虔诚地对其进行环绕并可按顺序膜拜每一位佛祖。这种布置形式产生于12世纪以后，远远晚于斯瓦扬布纳窣堵坡被建造的年代（公元3世纪）（图3-32）。

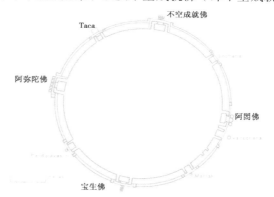

图 3-32　斯瓦扬布窣堵坡平面

（4）内部构造

尼泊尔本土化后的窣堵坡不仅在外部样式上有所变化，在内部构造上也与印度原始的窣堵坡有很大差异。以印度的桑奇大塔为例，印度的窣堵坡除去塔刹部分外，半球形的覆钵体内部为中空的密室，外部为砖砌"外壳"，印度佛教徒在密室中安放佛陀舍利盒。而尼泊尔斯瓦扬布纳窣堵坡内部则没有密室，它的内部是泥土，外部由砖头砌筑而成，并且从塔顶中央插入一根高大的木柱直通塔底。这根木柱贯穿着上部的宝匣以及底部的舍利盒，它如同窣堵坡的"主心骨"。尼泊尔佛教徒认为这根木柱代表着"世界之轴"，但这种形式出现的具体年代并无文字性史料记载（图3-33）。

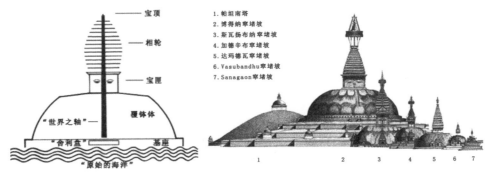

图 3-33　窣堵坡内部构造示意图　图 3-34　尼泊尔七座窣堵坡立面图

（5）尼泊尔谷地七座窣堵坡的立面效果图（图 3-34）

6．寺院

（1）形成与发展

尼泊尔如今现存的佛教寺院（Temple）主要集中在加德满都谷地中。谷地最早的佛教寺院是查巴希（Cha Bahil），它建于阿育王时代，据说是阿育王的女儿恰鲁玛蒂公主下令建造的。"巴希"（Bahil）属于尼泊尔佛教寺院的一种称呼，它是古典印度寺院的延续。而这座名叫"查"的寺院主要是供佛教徒休息之用。笔者在查阅资料后发现，尼泊尔佛教寺院的出现与发展仍然受到印度佛教寺院的影响（图3-35）。

印度佛教寺院的产生是在佛祖圆寂以后，它最初是由窣堵坡、精舍以及毗诃罗（Vihara）所组成的。其中窣堵坡处于中心位置，因为它代表佛陀的坟冢，

图 3-35a　印度精舍遗址

图 3-35b　印度精舍遗址平面

图 3-36　古代印度佛寺的发展模式示意图

并且是信徒主要膜拜的对象，其他建筑则成为辅助建筑而围绕在窣堵坡周围
（图 3-36）。在阿育王时代就已经出现许多这样的寺院，甚至连佛教石窟也仿制
这类建筑布局去修建，如印度著名的埃洛拉石窟（Ellora Caves）。尼泊尔的查巴
希与这一形式相似，说明它是尼泊尔早期佛教寺院的雏形。后来随着大乘佛教的
发展，佛教势力越发庞大，佛教寺院逐渐发生变化，其中最主要的是佛教出现偶
像崇拜，并且在寺院中设立佛殿供奉佛像，并取代窣堵坡成为寺院的核心建筑。
佛寺的这一变化在尼泊尔的佛教寺院中也有体现。尼泊尔佛教寺院的中心也安放
有佛塔，但属于支提（下文中介绍）的类型，更像装饰性的摆设，寺院真正的核
心建筑是位于中央轴线上的佛殿，它无论从位置还是建筑样式上都更加显眼，是
寺院的主体建筑。寺院的整体建筑风格则是具有尼瓦尔民居特色的建筑样式，可
以说，这是尼泊尔本土化后的佛教寺院形式。它在继承印度佛教寺院特点和宗教
意向后，逐步按照尼泊尔当地的风俗习惯和建筑特点进行改良，以便拉进与当地
人的距离从而更好地进行传播（图 3-37）。

（2）空间布局

尼泊尔佛教寺院是按照
曼陀罗图形设计的，因此寺
院的平面为正方形，中间是
方形庭院，周边由主殿和辅
助性用房组成。上文中已经
介绍过，当佛教和印度教教
徒进行寺庙平面设计时这种
又被称为"坛城"的宗教图
形是必须严格遵从的布局模

图 3-37　尼泊尔佛教寺院的外部实景

式。因为只有按照它的样式去布置，宗教建筑才等同于神灵的居所，信徒才会相信寺庙是有神性、有法力的，他们才会前来这里朝拜。早期曼陀罗图形寺院的中心是其最为核心的部分，比如加德满都的查巴希，它的中心就是一座高大的窣堵坡，周围围绕着一些辅助性的僧房、讲堂以及许愿型的神龛。而当佛教进入大乘佛教时期后，中心窣堵坡的重要性逐渐让位于佛殿，但是尼泊尔佛教寺院的整体布局并没有发生质的变化，曼陀罗图形仍然发挥着主导性作用，这一点即使在 8 世纪以后的密教时期也是如此。

　　如今我们在分析尼泊尔佛教寺院时，通常会以中世纪马拉王朝的佛教寺院作为其空间布局的典型代表，查斯亚·巴哈尔寺院（Chusya Bahal）就是最好的实例（图 3-38）。这座寺院建于 1648 年，寺庙平面为正方形，空间布局很像中国的四合院，尼泊尔佛教寺院对朝向没有特殊要求。除了中心庭院外，周围是一圈僧房（精舍）、禅房和后勤用房，而供奉佛像的主殿和中心支提以及庙门都在同一轴线上。除了主殿有佛像外，寺庙四角供奉有小型佛像，入口处的门道两旁也设有神龛作为守护神。在房间布局上，有主殿也有配殿，更有从属性的禅房、僧房等空间。这些布置都与曼陀罗图形上的神灵位置有关，具有不同的神性，信徒们相信这种布局使寺院变成了修道成佛的宝地。

　　（3）分类与区别

　　尼泊尔的佛教寺院拥有各自的称呼与类别。它主要分为三种类型，第一种是上文中提到过的"巴希"（Bahil），第二种是"巴哈尔"（Bahal），而第三种则是兼具巴希和巴哈尔特点的综合型寺院。三种寺院都位于街巷之中，建筑风格与尼瓦尔民居相互协调。因此，如果不是有目的性的走访调查，一般人几乎不会意识到它们和民居院落有何区别。历史上有许多佛教寺院由于受到政治迫害，在教

图 3-38a 查斯亚·巴哈尔寺院剖面（上）和立面（下）

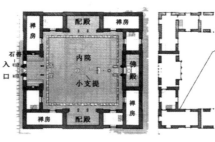

图 3-38b 查斯亚·巴哈尔寺院一层（左）和二层（右）平面

图 3-38c　查斯亚·巴哈尔寺院内部实景

徒人去楼空以后变为普通民居了。尼泊尔佛教寺院的这种特点，与总是单体存在且位于城镇显要位置的印度教神庙截然不同。

巴希（Bahil）是一种极为严谨的模仿古代佛教寺院的寺院样式，膜拜神像是它的主要功能。它的外围是一系列定居点（巴希还有"外部"的意思）。巴希型寺院通常由单独的捐助者捐资建立，如由尼泊尔的国王或大名鼎鼎的宗教人物出资，查巴希就是由阿育王的女儿出资修建的。10 世纪以后，在藏传佛教的影响下，尼泊尔僧侣开始与世俗之人通婚，而一旦成家，僧侣将不能再住在巴希的社区中，因为巴希要求居住的修行者必须是单身 [1]。帕坦（Patan）作为尼泊尔的佛教圣城是巴希主要集中的城市。巴哈尔（Bahal）则是指尼泊尔佛教的精舍，其定义与印度佛教的毗诃罗僧房相同，是尼泊尔佛教僧侣及其家人居住的地方。这种寺院仍为正方形平面，并多以两层建筑围合成院落。据说，从巴希中搬走的已婚僧侣可以申请在巴哈尔型寺院安家。巴哈尔还是向少年信徒传授佛教知识的学校，即负责培养佛学人才的地方。随着时间的推移，许多巴哈尔型寺院的用途也不再局限于居住和修行，逐渐具备膜拜神灵的功能而成为信徒朝圣的地方。譬如帕坦著名的"黄金寺"（即克瓦·巴哈尔，Kwa Bahal），就是一座巴哈尔型寺院，但是比巴希型寺院拥有更多的香客和慕名而来的拜访者。这种寺院已经被信徒用"Temple"

---

1 Michael Hutt. Nepal-A Guide to the Art & Architecture of the Kathmandu Valley [M]. New Delhi: ADROIT, 1994.

图 3-39a　黄金寺大门　　　图 3-39b　黄金寺内部小庭院

来指代，因为它已经不再是单纯意义上的巴哈尔型寺院，而是一座多功能、综合型的寺庙了（图 3-39）。

帕坦"黄金寺"作为综合型寺院，兼具了巴希和巴哈尔两种寺院的职能和特征。黄金寺位于帕坦北部，建于 12 世纪，其平面仍然是规整的正方形，入口处有巴哈尔必备的石狮子作守卫，大门上部有半圆形门头板，并有外突窗朝向庭院，而主入口处上方有突出于屋顶的小塔楼，其正对面是位于同一轴线上的中庭神龛（Shrine）以及后面的佛殿。这座佛殿极为高大，其建筑样式即为多重檐楼阁型神庙。整个寺院拼贴了大量的金属板材，看起来金碧辉煌。

最后有必要说明的是，巴希和巴哈尔，并不是两种不同的建筑类型，而是两种不同的组织机构，但布局上的差异仍然存在。上文中提过的查斯亚·巴哈尔寺院的布局样式仅是一般意义上的。笔者将它们的建筑特点总结和归纳，以表现巴希和巴哈尔以及第三种综合型寺院在布局上的区别（表 3-1、图 3-40）。

表 3-1　尼泊尔三种佛教寺院特征比较

巴哈尔型	巴希型	综合型
寺院为正方形平面	寺院为正方形平面	寺院为正方形平面
入口大门旁有石兽守卫	入口大门旁无石兽守卫	入口大门旁有石兽守卫
入口大门上有门头板	入口大门上无门头板	入口大门上有门头板
院内二楼有凸窗	院内二楼无凸窗	院内二/三楼有凸窗
院内四角各有一部楼梯	院内一角有一部楼梯	院内四角各有一部楼梯
院内一层外有一圈走道	院内一层为内廊柱形式	院内一层外有一圈走道

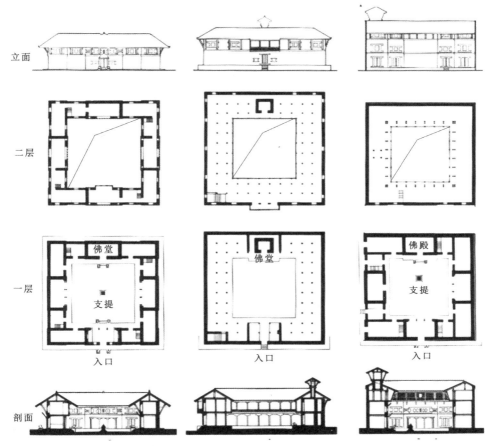

图 3-40　尼泊尔三种佛教寺院的平面、立面和剖面图

巴哈尔型	巴希型	综合型
神堂是建筑的一部分	神堂是一个密室可环绕	神堂为大型佛殿形式
屋顶无塔楼	屋顶有塔楼	屋顶有塔楼

7. 支提

　　支提（Chaitya）在尼泊尔是一种常见的小型佛教建筑。它主要作为从属性的宗教建筑形式出现在尼泊尔的大街小巷、寺院中庭以及窣堵坡大佛塔周围，它可以单个出现，也可以多个一起成片出现。支提不同于神龛（Shrine），神龛多出现在印度教建筑中，支提看起来就是窣堵坡的缩小版，也被称为"小佛塔"。它

们成为尼泊尔佛教寺院中窣堵坡的替代者，符合了历史上佛教寺院发展的趋势。

在尼泊尔，有时窣堵坡也用英文"Chaitya"来称呼，因此称谓有些混乱，甚至容易引起争执。如今，如何称呼它们，主要由建筑体量来决定。

图3-41 支提

支提，产生于李察维王朝时期，是尼泊尔佛教另一种形式的纪念碑，也是私人用来供养佛祖的小佛塔，在尼泊尔人眼中它与窣堵坡大佛塔一样都是连接过去与现在的圣物。支提通常高度在2米左右，以石构为主，内部为空心。建筑外形由上下两部分组成，上部模仿窣堵坡样式，下部由多层台基堆叠，每层都装饰有小佛龛。支提表面的雕刻艺术风格带有犍陀罗与笈多艺术的特点，人物显得宁静且富有内在精神。支提之所以带有这种艺术风格，主要是因为发源于贵霜王朝的犍陀罗艺术首先影响了印度北部的笈多艺术，而后李察维王朝在吸收笈多艺术的同时也间接吸收了犍陀罗艺术，它的石雕技艺因此受益匪浅，发展迅速。这一时期的支提遗留下来的很少，较为著名的是位于帕坦瓦姆·巴哈尔（Vam Bahal）寺院中的瓦姆支提。它建造于公元7世纪，支提上面的佛像和狮子栩栩如生，显示了尼瓦尔工匠极为精湛的雕刻技艺，也表明当时印度的雕刻艺术风格对于尼泊尔的影响十分深远（图3-41）[1]。

图3-42 尼泊尔街头巷尾的支提

1 Patan Museum. Patan Museum Guide [M]. Nepal, 2002.

支提的样式从来不是一成不变的。公元 16 世纪以后，尼泊尔支提的样式有了新的变化。越来越多的支提模仿斯瓦扬布纳特窣堵坡的样子建造，这是一种较为简单的等比例缩小的仿造，并且在支提上融入了"五方佛体系"（图 3-42）。

19 世纪中期，随着佛教被拉纳政府打压，支提的建造也大量减少。值得一提的是，一些"冒险"建造的支提为了得到政府的默许而将印度教的湿婆等形象也一并雕刻上去了。

第二节　建筑要素

尼泊尔宗教建筑的组成要素复杂多样，主要包括：基座、柱子、门窗、斜撑、屋顶以及最上面的宝顶。这几个组成要素都具有浓郁的尼泊尔特色，也是承载尼泊尔建筑艺术最佳的物质载体。

1. 基座

基座是尼泊尔印度教神庙建筑以及佛教窣堵坡的组成部分之一，其作用是使建筑物与地面分离。基座既具有一定的象征意义，又可以保护建筑底部使其减小损害。基座同时也是曼陀罗布局理念的一部分。

（1）神庙建筑的基座

基座是神庙建筑的重要组成部分，并具有相关的实际功能，许多人却常常忽视它的重要性。地处喜马拉雅山南麓的尼泊尔多雨且潮湿，砖木结构的建筑很容易因雨水和潮气而腐朽，而基座的出现有效地保护了神庙，延长了它们的使用寿命。此外基座还可以有效减小地震给其带来的毁灭性打击，因为它可以作为建筑物与地面的过渡和缓冲空间。

印度教的神庙基座主要使用砖砌筑。这些基座在宗教理念中代表须弥山，教徒们走上基座就如同在攀爬这座圣山。基座还被誉为"神庙自身宇宙的边界"[1]，神庙则是其中作为主宰的核心部分。

基座一直作为尼泊尔神庙建筑的特色之一，它抬高了神庙并烘托了神庙至高无上的地位。据史料记载，真正意义上的基座形式出现于马拉王朝早期，当时仅为 1~2 层，正方形平面。帕坦建于 1566 年的查尔·纳拉扬神庙（Char Narayan

---

1 周晶，李天. 加德满都的孔雀窗——尼泊尔传统建筑 [M]. 北京：光明日报出版社，2011.

Mandir）就是一座马拉王朝早期
的神庙，它的基座是 2 层的。马
拉王朝中期，出现了更多层的神
庙基座。譬如巴德岗的尼亚塔颇
拉神庙有 9 层基座，而加德满都
塔莱珠神庙则有多达 12 层的基
座。然而一座神庙究竟依据什么
设置基座层数尚无从知晓（图
3-43）。

图 3-43　尼亚塔颇拉神庙的多层基座

（2）窣堵坡的基座

窣堵坡的基座其实就是塔
基部分。它在佛教哲学理念中负
责承托窣堵坡，使其"漂浮在原
始的海洋上"（佛教中基座的寓
意）。在尼泊尔为数众多的窣堵
坡中，位于加德满都的博得纳特
窣堵坡的塔基部分最具代表性。

图 3-44　博得纳特窣堵坡的巨大基座

博得纳特是尼泊尔体积最大的窣堵坡，它的底部由 3 层叠加的石砌塔基组成，每
一层都是 12 折角的正方形平面，4 个方向上各有 1 组台阶可由下至上直通窣堵坡。
这种布局形式是根据著名的曼陀罗坛城设计而成，其中充满了佛教对于宇宙万物
的理解，并试图体现掌控一切的宗教力量（图 3-44）。

从世俗的眼光来看，这些塔基平面构图可谓四平八稳，充满了宗教对于美学
的理解，不失为窣堵坡下部美丽的衬托。

2. 柱子

柱子是尼泊尔宗教建筑中必不可少的结构构件，有石质也有木质，柱子通
常的高宽比一般为 1 : 6，它的功能是将神庙上部的荷载传递到下部的基础上。
本书着重讨论神庙外廊的柱子，神庙的柱子主要由插角托木、柱身和柱础所组
成（图 3-45）。

插角是柱子上部与梁下部之间的一小块木构件，形状很像中国古建筑中的雀

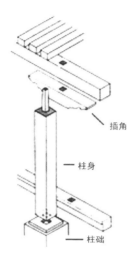

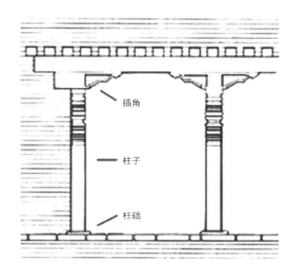

图 3-45a 尼泊尔宗教建筑的柱子

图 3-45b 神庙外的柱廊

替。它的主要作用是将梁上的荷载传递到柱子上。笔者认为，插角在尼泊尔古代宗教建筑中的美学价值大于其结构价值。插角上雕刻着十分丰富的装饰母题，主要有花纹、走兽以及诸神。

柱子部分是传导荷载的重要构件。在尼泊尔宗教建筑中，它所肩负的任务除了承重外还包括增强神庙的美感。尼泊尔人喜欢在这些柱子上雕出装饰图案，包括一层一层的线脚、圆环、花团以及神像，柱础以上占柱体1/3的部分则通常无装饰。柱子分为方柱和圆柱两种样式。

神庙的柱子在布置上有规律可循。它们通常在单边上以偶数出现，因为这样可以产生奇数开间，这也是宗教建筑中利用对称的方式突出重点部分的惯用方法。

柱子是尼泊尔宗教建筑中的特色部件，它体现了尼泊尔人对于建筑美的追求及其民族艺术创作的辉煌成就。

3. 门窗

门窗即门与窗，指建筑外立面上建造的洞口。门：联系室内外交通并起到疏散作用，兼顾通风采光。窗：用以使光线或空气进入室内，从而起到通风、采光，并兼有观景眺望的作用。但是"门窗"这一概念在尼泊尔宗教建筑中除了具备上述基本功能外，更扮演着传承尼泊尔传统艺术精华和承载尼泊尔雕刻艺术的重要使命。

（1）门

尼瓦尔宗教建筑的门极富特色，它的建筑轮廓很像汉字中的"工"字。尼瓦尔式的大门为木质，门高仅1.5米左右，其中还包括30厘米的门槛，因此进入这道门不得不"弯腰低头"。

尼瓦尔式的门通常为内外两道，两道门紧紧相贴，一旦同时关闭，中间无缝隙。这种门还具有从外部关闭或锁死内部大门的功能。

大门由门框、门槛、门楣、门头板以及"侧翼"[1]组成（图3-46）。门框分为内框和外框，内框有结构功能，外框用来装饰。尼瓦尔式大门最典型的特点就是上下框（两条横梁）均延伸出很远，看起来极为显眼。做成这种样式的目的是为了使门更加牢固地安装于墙体中。开门的扇数有三扇门并排设置的，也有一扇

---

1 侧翼，大门两侧木质的装饰性部位，主要出现在尼泊尔印度教神庙大门上，而在佛教以及民居建筑的大门上通常不会出现。

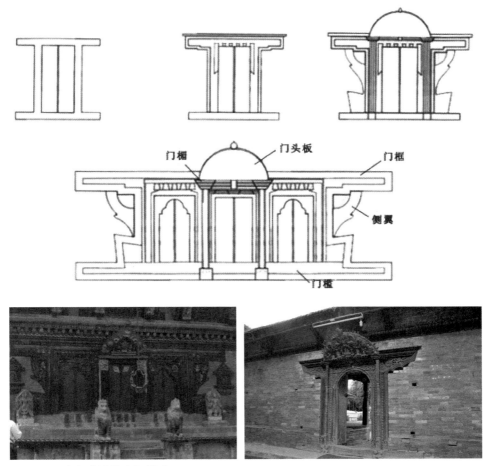

图 3-46 神庙常见的大门样式

门单开的，门的个数越多，门的整体体量就越大越长，一些大体量的门甚至会占满整个墙面。

门的装饰主要在门框以及门与门之间的柱子上，这里是尼瓦尔木雕"密布"的地方。雕刻题材主要有神灵、走兽、饰物以及线条等，其中吉祥六宝装饰是最为著名的，分别为：宝伞、宝瓶、双鱼、旗帜、宝轮以及海螺。

（2）门头板（Torana）

门头板是尼瓦尔式建筑立面上极为显著的特色性装饰构件。它是半圆形木质的，有些华丽的门头板会镀金，因为门头板可以提升神庙的崇高形象以及神圣性。门头板位于主门上方，通常会稍微向前倾斜，其后有绳索将它与墙面连接。门头板一般宽 1.8 米左右，有的是整块木板，有的是几块木板拼接的。古老的昌古纳拉扬寺（Changu Narayan Temple）的门头板最为著名，因为它罕见地使用铜铸造而成，上面雕刻精美，有神像和花纹。门头板上的布局分为内外两圈，内圈布置相关宗教的主神，主神两边有辅神（或弟子）；外圈上部中央为金翅鸟，两边各是一位女神，在她们下面各有一条摩羯鱼；花纹与云团则充斥其间（图 3-47）。

图 3-47　门头板

（3）窗户

尼泊尔宗教建筑的窗户与门一样都是尼瓦尔极富民族特色的建筑

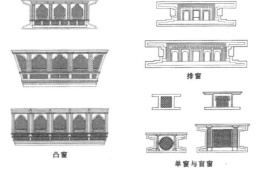

图 3-48　宗教建筑窗户的主要样式

构件。尼瓦尔宗教建筑的门窗为木质，窗户主要分为：排窗、凸窗、单窗以及盲窗。除排窗和凸窗外，单窗与盲窗的外形都和门一样呈汉字的"工"字形（图 3-48）。

排窗通常出现在神庙或寺院内庭二层的外墙上，通常位于建筑立面的中轴线上，有三扇一组也有五扇一组的，至于几扇一组则取决于该宗教建筑所供奉的神

图 3-49　排窗

图 3-50 凸窗

图 3-51 盲窗

灵和所要举行的宗教仪式的规模。排窗的雕刻集中在窗框和窗与窗之间的木柱上，这些部位主要雕刻神像、花纹和走兽，在排窗两侧还安放有神龛，神龛的样式与窗户相似（图 3-49）。

凸窗是尼瓦尔建筑艺术的集大成者，它与排窗的形式相同也是联排式的，区别在于凸窗突出于建筑墙面，整体布满雕刻，开窗的部位为网状镂空的木板，用于采光和通风，整个凸窗本身就是一件雕刻艺术品（图 3-50）。

单窗与盲窗造型基本相同，区别在于：盲窗是装饰性的假窗，并且是单扇的凸窗，中间布满雕刻；单窗虽然采光与通透性不佳，但是正常的窗户。这样的窗户与门一样有内框和外框，外框是主要装饰雕刻的地方，装饰的木雕形象为花卉、植物和走兽（图 3-51）。

4. 斜撑

斜撑（Strut）是尼瓦尔式建筑中最具亮点的结构构件（图 3-52）。在宗教建筑中更是被赋予神性，作为装饰神灵雕刻的一部分。斜撑是一块长条型木板，高度在 1.5 米左右，其作用是用来支撑出挑的屋檐。它一端顶着屋檐，一端嵌入神庙或寺院的墙体内。尼瓦尔斜撑

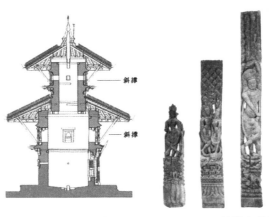

图 3-52 斜撑在神庙中的位置　图 3-53 斜撑上的雕刻

有两种类型：檐角斜撑和非檐角斜撑。檐角斜撑位于神庙或寺院屋檐的四个角上，其他部位的斜撑就是非檐角斜撑。斜撑无论何种类型都同样分担屋顶的荷载。

斜撑除了作为结构构件，还逐渐成为精致而华丽的雕刻艺术品（图 3-53）。在如今每一座神庙或寺院中都可以看到布满雕刻的斜撑构件。斜撑立面主要由两部分组成，上部 4/5 的位置以雕刻神像为主。下部 1/5 雕刻人物、侍者或动物，是从属性的小型雕刻。上部雕刻的神灵，一部分是守护神，即八位母亲神，她们通常是多臂且有坐骑伴随；也有一部分是湿婆、帕尔瓦蒂或者密宗神灵。而位于檐角下的檐角斜撑则雕刻怪兽格里芬，相传格里芬情绪稳定且十分安静，所以人们用它来守护建筑最为重要的端部，并希望它可以驱走企图破坏建筑的妖魔。而下部的雕刻有战斗场景、性爱场景还有一些是安静的动物。历史学家发现，早期的神庙斜撑上几乎不会有神灵以外的雕刻出现。譬如，建于李察维时期的昌古纳拉扬寺，它的外立面上下共有 40 根斜撑，都雕刻神庙所供奉的毗湿奴和它的化身（图 3-54）。

5. 屋顶

宗教建筑的屋顶对于尼泊尔人来说意义独特。因为屋顶不仅保护了神的居所，而且挑出的屋檐又可以帮助朝圣者遮阳蔽雨，提供暂时的安身之处，并使他们感觉自己在神庙享受到了神灵的关怀 [1]。

图 3-54　神庙屋檐下的斜撑（左）及斜撑的雕刻（右）

1 Ronald M Bernier. The Nepalese Pagoda Origins and Style [M]. New Delhi: S.Chand & Company Ltd, Ram Nagar, 1979.

（1）瓦屋顶构造

尼泊尔宗教建筑的屋顶通常为多重檐式的，其中瓦屋顶最为常见，其构架却并不复杂。这种构架使用坚硬的沙罗树[1]作为建筑材料。屋顶下铺设着由中心呈放射状排列的椽子，并最终与水平的梁相交。斜撑则支撑着

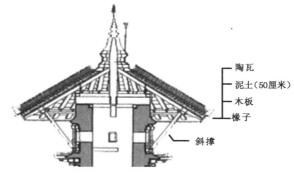

陶瓦
泥土（50厘米）
木板
椽子

斜撑

图 3-55　瓦屋顶构造示意图

梁。处于顶部的屋顶下每一根椽子从各个角度向中心聚拢。椽子上会铺设木板，再用 50 厘米左右厚的泥土进行覆盖，在此之上用烧结过的陶瓦铺设，每块瓦片 15~25 厘米长[2]。据说使用这种瓦片，它的 S 形曲面有利于排水。屋顶的四个角上还有起翘（图 3-55）。

（2）金属屋顶

自马拉时代起，尼泊尔谷地就出现了许多"金光闪耀"的四坡顶，这些屋顶有的为黄铜铸造，有的为表面镀金。镀金屋顶表示神庙极其圣洁，铜质屋顶则以美化外观为主。新式屋顶体现了尼泊尔冶金工业的进步，成为马拉时代的特殊象征。

金属屋顶表面平滑，上面带有一根一根的平行排列的金属肋条，用以固定屋顶金属板，而每一根肋条顶端都有一个堵头，并

图 3-56　神庙的金属屋顶

以人头的形式出现。金顶下还挂有一圈金属装饰带。金属屋顶很重，对于承重结构的要求较高，是对尼瓦尔多层建筑建造质量的考验（图 3-56）。

---

1 沙罗树，干部通直高大，树高 20~30 米，最初生长于南亚和东南亚，我国于唐代移植入国内。
2 周晶，李天. 加德满都的孔雀窗——尼泊尔传统建筑 [M]. 北京：光明日报出版社，2011.

（3）垂带

一些庙宇顶部挂着一条长长的条带，通常一直垂到房檐下，它们被称为"垂带"。垂带在尼瓦尔语中叫做"帕塔克"，寓意为神从天上下凡至人间时的通道[1]。垂带分为黄金垂带和铜质垂带。地位较高的庙宇通常会使用黄金制成的垂带，而一般的庙宇则使用铜制的（图3–57）。

图 3-57　帕坦黄金寺佛殿上的垂带

6. 宝顶

宝顶（Gajur）是一个具有宗教象征意义的构件，它的主体形状是一个覆钟，代表着宇宙的创造力。它的样式由庙宇中供奉的神灵或庙宇规格决定。通常普通寺庙，特别是正方形平面的，只在庙顶安放 1 个宝顶。而大型庙宇尤其是长方形平面的，则会安放 5 个或 7 个宝顶，譬如著名的皇家寺庙塔莱珠神庙，其顶部的宝顶就有 5 个，周围 4 个小宝顶加中间 1 个大宝顶。而巴德岗陶马迪广场的拜拉弗纳神庙则在顶部并排摆放 7 个宝顶，中间的一个最大，两旁的较小。

图 3-58　尼泊尔宗教建筑顶端的三种宝顶样式

---

1 周晶，李天. 加德满都的孔雀窗——尼泊尔传统建筑 [M]. 北京：光明日报出版社，2011.

宝顶主要由底部基座、覆钟、仰莲、宝瓶、宝珠以及最上面的伞盖（一些神庙有）组成。其中，覆钟是最大的构件，宝瓶象征生命本体，宝珠是圣洁的珠宝，而伞盖象征着庇护（图 3-58）。

第三节　宗教建筑中的细部装饰

1.石雕

石雕艺术是尼泊尔古老文明中值得骄傲的成就之一。它出现于基拉底时期，但在李察维王朝时期诞生了大量石雕艺术的杰作（特别是在公元 5—7 世纪时）。这些石雕作品多为宗教题材，并且继承了同一时期印度笈多王朝的雕刻艺术风格，一些佛教题材的石像甚至吸收了犍陀罗艺术[1]（Gandhara）的特点。当时比较著名的石雕作品有"安睡的毗湿奴"（Budhanilkantha）（图 3-59）、瓦姆·巴哈尔支提（Vam Bahal Chaitya）以及一些寺庙中摆放的记录历史的石碑。石雕艺术在李察维时代晚期开始衰落。在马拉王朝时期，普拉塔普·马拉（Pratap Malla）国王收集并保护了许多古老的石雕作品，使今人得以一睹李察维时代的辉煌艺术成就。而在此之后直到近代，尼泊尔的石雕艺术都未能够复兴。

图 3-59　石雕"安睡的毗湿奴"

2.木雕

木雕艺术兴起的时期正是尼泊尔石雕艺术走向下坡之际。在尼泊尔的中世纪也就是马拉王朝统治时期，木

图 3-60　著名的"孔雀窗"

---

1 犍陀罗艺术，指公元 1—5 世纪时南亚次大陆西北部地区贵霜王朝盛行的希腊风格的佛教艺术。

雕工艺成为建筑装饰的必备品，尤其是尼泊尔中部的尼瓦尔建筑更是疯狂地使用木质装饰。其最主要的木雕装饰艺术集中在门窗和斜撑上。其中最令人叫绝的是位于巴德岗塔丘帕广场（Tachupal Square）的"孔雀窗"（Peacook Window）（图3-60），它体现了尼瓦尔工匠精湛的技艺，是尼泊尔木雕艺术的代表作。

3. 金属雕塑

尼泊尔的金属雕塑艺术是其雕塑工艺中的一大特色。这种以铜为主的金属制品在西藏极受欢迎，它还曾被尼泊尔著名建筑师、造像大师阿尼哥（Anigo）带到远在千里之外的中国汉地。尼泊尔金属雕像的制作出现于李察维时代的尼泊尔谷地地区，据说这种工艺是从印度北部的 Mohenjo Daro（今属巴基斯坦）传来的，尼泊尔遗留至今历史最久的金属雕像制品是帕坦的一尊佛像，它铸造于公元591年。金属雕塑艺术在18世纪时备受追捧，因而产量大增，王室的宫殿、印度教以及佛教的寺庙都大量订购，甚至谷地以外的王国也对谷地生产的金属塑像十分欣赏。金属雕像一直以来都保

图 3-61　铜像"金猴奉果"

持着较为原始的制作工艺，从未出现过大工厂流水线式的生产模式。金属雕塑在沙阿时代仍然受到统治者的青睐，他们铸造了大量展现自己光辉形象的青铜雕塑，并矗立在加德满都街头（图3-61）。

小结

尼泊尔的宗教建筑主要为 7 种类型，而进一步归纳可分为尼泊尔本土样式与外来风格两种。本土样式为：都琛式神庙、多檐式神庙、窣堵坡、支提以及佛教寺院，外来风格则主要是锡克哈拉式神庙和穹顶式神庙两种。由此可以看出尼泊尔的宗教建筑发展轨迹的多样化。

此外尼泊尔宗教建筑的细部具有极为鲜明的本土化特征。这些特征是尼泊尔建筑艺术的特色，标志着尼泊尔建筑艺术所取得的成就，也反映了其历史建筑发展历程。同时，在这些建筑细部上还承载着尼泊尔引以为荣的雕刻艺术作品。这些精美的雕刻有石雕、木雕以及经过精心铸造的铜质雕塑等，雕刻的题材多以宗教故事和人物为主。正是这些雕刻艺术的存在使尼泊尔的宗教建筑得到了升华。

第四章 尼泊尔宗教建筑的选址与布局

　　宗教建筑是尼泊尔人与神交流的场所，尼泊尔人对于宗教建筑的选址向来十分重视，宗教建筑的选址也极为多样。它们既不像西方的大教堂那样当仁不让地矗立于城市中心，也不像中国佛寺道观一样偏居于深山老林，而是根据具体情况建造于多种环境之中。似乎尼泊尔的神灵对于居住环境没有特殊的要求，在哪里他们都以贴近寻常百姓为目的，也因此根据不同的情况而选择不同的布局形式以适应多样化的社会环境。当然，这也体现了尼泊尔宗教积极入世的态度。

第一节　宗教建筑的选址

1. 位于王宫杜巴广场的宗教建筑

　　尼泊尔三座主要的杜巴广场（王宫广场）分别位于加德满都（Kathmandu）、帕坦（Patan）和巴德岗（Bhadgaon）三座古城中，它们的组成包括王宫和广场两部分。三座杜巴广场的兴建年代主要集中在公元16—18世纪，因为当时这三座广场分别为三个王国的王宫广场，成为三个王国王室之间相互炫耀的工具。为此三个国家投入了大量的金钱用于修建华丽的宗教建筑和宫殿，不仅彰显了国家实力，也显示了国王对于宗教信仰的支持和鼓励，以便引领普通百姓热衷于信教、安于天命，从而维护其统治。此外，将宗教建筑放在城市中心，也体现了尼泊尔"神王合一"的国家政体[1]。笔者认为，三座杜巴广场上的真正主角并非王宫建筑而是宗教建筑，宗教建筑不仅是杜巴广场上的核心，它们的建筑风格以及装饰艺术也直接影响了王宫建筑的发展，表达了王权与宗教神权的密切关系，同时将王宫塑造为"神坛"也可以看做是国王将自己神化于国民心中的一种心理暗示（图4-1）。

　　尼泊尔三大城市的杜巴广场上均布满了印度教神庙建筑，而且种类十分丰富，包括多重檐式神庙、锡克哈拉式神庙、穹顶式神庙甚至王宫，还有高大的迪奥琛楼阁式神庙。其中帕坦杜巴广场（Patan Durbar Square）最具代表性。

　　帕坦杜巴广场位于帕坦市中心，这座广场上共矗立着11座神庙，它们正对着王宫并且呈一字形排开。这些神庙能够修建在这里的主要原因有：（1）印度教深得国王器重，对于维护王室的统治具有重要作用；（2）国王为了表示自己

1　莫海量. 神王合一的魅力——印度文化影响下的东南亚宫殿建筑 [J]. 中外建筑，2008（12）：99-102.

也是虔诚的印度教教徒，"以身作则"为臣民树立尊崇教义安于天命的榜样；（2）这些神庙建筑被作为政治宣传的工具，彰显帕坦王国的雄厚经济实力。杜巴广场上精美绝伦的克里希纳神庙（Krishna Mandir）就是实例，它表达了国王对于毗湿奴的化身克里希纳的敬仰之情。据说国王梦见了克里希纳大神降临在他的宫门前，兴奋异常的国王因此命人修建此庙以示纪念。由此可以看出国王通过与宗教的"联系"彰显自己至高无上的地位，而印度教也借此机会将自己的建筑修建在国家的核心地带，使之成为树立威信、吸纳更多信徒的"金字招牌"。

修建在国王宫殿中的神庙具有同样的意义，只是更加具有针对性。因为它们属于王室的私家庙宇，寻常百姓只可远观不可进入。比如帕坦王宫的德古塔莱珠神庙（Degutaleju Mandir），相

加德满都杜巴广场

帕坦杜巴广场

巴德岗杜巴广场

图4-1 三大杜巴广场的神庙建筑群

对于其他宫殿建筑显得十分高大，是整个杜巴广场上最高的建筑了，而且居于宫殿的中央，有统领全局的作用。因为德古塔莱珠神庙供奉的是王室专属守护神塔莱珠女神，因此它被统治者视为权力的象征，这座神庙建筑极其具有皇家风范（图4-2）。

图 4-2　帕坦王国立面图（中间最高者为德古塔莱珠神庙）

2．位于城镇的宗教建筑

城镇是国家人口最为集中的地方，也是宗教教派极为看重的信徒来源之地，这里汇聚了"三教九流"，上至王侯将相下至平民百姓，是人类社会各阶级主要集中之处。尼泊尔印度教与佛教都十分重视自己在城市中的发展，特别是尼泊尔谷地最为繁华的加德满都、帕坦以及巴德岗等地。在这些城市中，印度教与佛教建筑都建立于街巷之中，佛教建筑主要以寺院形式出现，而印度教则以单体神庙为主。笔者在实地调研后发现，佛教寺院大多与民居混杂在一起，而印度教神庙往往独自矗立于街道两旁或十字路口中间。究其原因，笔者认为，主要是由于佛教喜好宁静而远离街道的喧嚣，有一种出世的态度；而印度教对于环境没有苛刻的要求，内在有一种张力，因此在选址上无太多顾忌。此外，建在城市里的宗教建筑还可作为社会活动场所，它们是市民极为亲近的地方，而不仅仅是无比庄严肃穆的宗教场所。在马拉王朝时期，印度教建筑就已经超过佛教建筑成为城市的主要宗教建筑形象。

尼泊尔城市中的印度教建筑一般的选址规律是将神庙建筑修建于道路交汇处或街道两边，这样建筑会变得十分醒目且便于教徒前来膜拜，对于扩大影响十分有利。而且神庙还可以演变为节日庆典等活动的举办场所，以树立核心的形象，从而有利于发展。加德满都市内阿山街（Asan）交叉路口处有一座装饰极为华丽的印度教三重檐式神庙，名叫安娜普尔纳神庙（Annapurna Mandir）。它建于 18 世纪，其所在位置是 6 条街巷的交汇处，神庙前方还有一个小型广场，每天都有大量人流经过这里。神庙的大门和门头板镀了金，外立面也装饰得极为精美，有许多路过的印度教教徒会顺道参拜一下，神庙在节日期间则作为庆祝活动的场所（图 4-3）。

在加德满都谷地以外的城镇中也是类似的情况。比如尼泊尔西部的城镇本迪布尔（Bandipur），这里的宾德巴思尼神庙（Bindebasini Mandir）就位于城镇一条重要的古老商业街端头处，那里还与另外两条街道交汇。颇为漂亮的印度教神庙成为这一空间的核心建筑，吸引了来往过客的目光（图4-4）。

尼泊尔城市中的佛教寺院则主要建在不太为人注意的巷子里，帕坦著名的千佛寺（Mahabouddha Temple）就是如此（图4-5）。这座建于16世纪的佛教建筑杰作位于帕坦城东部一个极为偏僻的社区中，笔者几经周折才找到了它，直到进入寺院深处才惊讶地发现寺中极为精美高大的砖红色

图 4-3 安娜普尔纳神庙

图 4-4 宾德巴思尼神庙

图 4-5 千佛塔

印度式金刚宝座佛塔。它的表面贴满了佛像雕刻，从底部一直覆盖到塔顶，因此被当地人称为"千佛塔"。这里显得十分清净，佛教徒的禅房在佛塔对面的住宅二层中。由此可以看出佛教徒更喜欢寻求安静的地方作为自己的修行场所，他们不喜欢被外界打扰，这是从古至今延续下来的佛教特色。

3．位于山地的宗教建筑

印度自古以来就习惯将自然界中一些无法理解的现象与事物神化，并加以崇拜，因此产生了许多与自然山川有关的神灵。尼泊尔的宗教和印度同源，所以也继承了这一思维模式。尼泊尔人从古至今都相信山有神性，是众神聚居的地方，特别是著名的须弥山概念使得尼泊尔人更加重视山对于灵魂和生命的意义，以及对于神山的向往。因此，自古以来许多著名的宗教建筑都建在山顶，以形成俯视和仰望的态势，提高所供奉神灵在信徒心目中的神圣地位。

尼泊尔是一个多山的国家，这里 80% 的国土面积都是山地。早在李察维时代这些山区中就散布着许多文明程度较低、较为粗犷的诸侯国，它们几个世纪以来相互攻伐，以致战火连绵。这些诸侯国通常会将自己的宗教建筑修建于山顶，烘托神灵的伟大和神圣，但是宗教建筑形式相对原始，体现了早期山岳崇拜的特点。直到 15 世纪以后，随着西部廓尔喀王国的崛起，一个在建筑艺术上向尼瓦尔建筑风格靠拢的风潮才在西部逐步兴起。廓尔喀国王在它的山顶城堡中修建了尼瓦尔式神庙，17 世纪，又修建了著名的尼瓦尔风格的玛纳卡玛纳神庙（Manakamana Mandir）。这是一座建在海拔 1 385 米高的山顶上的印度教神庙，信徒需要花费 3 小时才能走上山顶朝圣。山顶还有一个因神庙而出现的小镇，那里的民居围绕着神庙并构成了一个广场空间。由于供奉着湿婆配偶帕尔瓦蒂的化身巴格沃蒂女神，因此尼泊尔人以及印度人都渴望能来这里许愿，日常神庙前的小广场总是人山人海，十分热闹。这座山顶神庙起到突出女神的崇高形象的作用（图 4-6）。

图 4-6　玛纳卡玛纳神庙

另一座同样位于山顶的神庙是西南部重镇丹森（Tansen）的拜拉弗斯坦神庙（Bhairavsthan Mandir）。它位于丹森城西部郊外的一座山顶上，供奉着印度教的湿婆。神庙是一个围合式的小庭院，建筑色调为白色，寺庙内有象征湿婆武器的高大金属钢叉。人们站在这座神庙的顶部可以眺望丹森周边的风景。这座神庙周围村庄内的民众每逢节日或周末都会前来膜拜湿婆神，并献上牲畜进行血祭。拜拉弗斯坦神庙是这一带的核心以及位于制高点上的宗教建筑，当地的村庄自发地以它为中心聚拢，因为村民们相信位于山上的神灵会保佑他们（图4-7a、图4-7b）。

尼泊尔遗留至今的佛教建筑却很少有建在山地的，斯瓦扬布纳特窣堵坡（Swayambhunath Stupa）是一个例外。这座建于公元3世纪的窣堵坡位于加德满都郊外的小山上，以这座窣堵坡为中心陆续修建了许多寺庙和佛塔。修建这座山顶窣堵坡的目的就是要让它象征着佛陀有无边的佛法，可以保护尼泊尔谷地的人民，以及宣扬佛教有着至高无上的荣光和无限的能力，这三点也正是山地宗教建筑对人们心理产生的最主要的精神作用。如果天气晴朗，站在加德满都城中的一些建筑顶部就可以看到这座气势恢宏的窣堵坡（图4-8）。

图 4-7a　山顶上的拜拉弗斯坦神庙

图 4-7b　村民在祭祀

图 4-8　位于山顶的斯瓦扬布纳特窣堵坡（画面右侧）

4. 位于河畔的宗教建筑

印度教自古以来一直认为水是生命的象征，印度教的宗教典籍《梨俱吠陀》就认为神灵和宇宙万物都源于水，连生殖和繁衍也都离不开水[1]。在尼泊尔，人们视水为神圣和纯洁的象征，是上天赐予他们的圣物，可以洗涤他们的身体和灵魂。因此，印度教的神庙时常会出现在水边，比如著名的帕斯帕提纳寺（Pashupatinath Temple）。

帕斯帕提纳寺是印度教在尼泊尔的总庙。这座寺庙的选址十分特别，位于加德满都东北部的巴格马蒂河（Baghmati River）畔，河流将帕斯帕提纳寺一分为二。帕斯帕提纳寺在南亚地区有着极高的地位，它的寺庙布局如此安排也绝非偶然，因为在尼泊尔人眼中巴格马蒂河如同印度的恒河一样神圣。尼泊尔的印度教教徒都希望自己可以在此得到沐浴的机会，如果死后能够在河边进行火化将是无上的荣誉，因为这将使自己的灵魂摆脱躯壳升至神界。由此可以看出，印度教将神庙建造在水边，借助水的神圣性提升了寺庙在教徒心中的地位，并依靠"圣河"这一概念建立了与其教义相融合的理念，变得更加深入人心，更具正统性，使得上至王公贵族下至黎民百姓都认可河水赋予寺庙的神力（图4-9）。

图 4-9　位于河边的帕斯帕提纳寺

---

1 谢小英. 神灵的故事——东南亚宗教建筑 [M]. 南京：东南大学出版社，2008.

第二节 宗教建筑的布局

1. 散点式布局

尼泊尔宗教建筑历史悠久，形式多样，尽管这些宗教建筑都是以曼陀罗图形为基础进行设计，但布局方式仍有所不同，其中散点式布局的形式最多也最为常见。尼泊尔宗教建筑中属于散点式布局的建筑主要是印度教神庙和佛教的支提。

点式布局的印度教神庙通常在建筑内部只有一个神殿空间。这种神庙建筑占地面积小，适合在城市或乡村等多种环境下布置。尤其在城市里，这种神庙数量很多，可以布置在街巷中甚至王宫前的广场上，而且不必担心尼泊尔狭窄的街巷或拥挤的居民区对布局施加的限制，因为它们的建筑体量极为有限。这类神庙的占地面积在 16~36 平方米，因此，无论在建筑规模还是体量上，神庙都不会对周边环境造成影响，相反很容易与周边环境融合在一起，有着极为顽强的生命力。

安娜普尔纳神庙（Annapurna Mandir）位于加德满都老城区内，是这种点式布局形式的典型代表之一。它是一座印度教神庙，建于 18 世纪，主要供奉毗湿奴的化身纳拉扬。这座重檐式的神庙体量很小，占地面积仅 20 平方米左右。它的内部建筑空间单一，只有一个小神殿。神庙的高度仅为 7.9 米，对于尼泊尔的神庙而言十分矮小，但很灵活，可以轻易地"塞入"狭窄凌乱的加德满都街道中（图 4-10）。

散点式布局的神庙在尼泊尔城市中央的杜巴广场上还有一些实例，其特点略有

图 4-10　散点式布局的安娜普尔纳神庙

图 4-11　散点式布局的玛珠神庙

不同。比如位于加德满都杜巴广场的玛珠神庙（Maju Mandir），建于 1690 年，是一座三重檐式的印度教神庙。由于底部有 9 层高的基座，因此显得较为高大。它的变化在于一层神殿外多出一圈外廊，也就是类似在第三章中提到的"回"字形平面形式，但是这种样式的神庙仍然是点式布局的宗教建筑（图 4-11）。

此外，佛教支提也属于散点式布局。支提其实是一种小型佛塔，塔的基座通常为正方形。支提通常为石砌，没有供人驻足的内部空间。支提主要布置在城市的街道旁或是居民区中狭小的活动空间里，尽管它们看起来有些孤零零的，但却为街道平添了不少生气。

2. 集中式布局

集中式布局是尼泊尔宗教建筑中一些大型寺庙惯用的布局模式。这些寺庙包括印度教建筑和佛教建筑。集中式布局的寺庙通常既可以作为信徒朝拜神灵的场所，又可以作为僧人修行与居住的家园。它是一种综合型的建筑体，并以中心庭院为核心，与散点式布局单一的空间和功能截然不同。

属于集中式布局的寺庙通常为正方形平面，中心庭院通常安放支提或主要神庙，四周有位于主轴线上的神殿和两旁的配殿（印度教是神殿在中央）以及禅房和僧房等功能用房。此外有的寺庙为两层，一层还会带有一圈柱廊，其布局形式的根源亦离不开曼陀罗图形。集中式布局模式在尼泊尔的城市和山区均有出现，且主要以佛教寺院为主，印度教庙宇较少。

帕坦的著名佛教寺庙黄金寺（Golden Temple）就是这种布局的典型实例。该寺院建于 11 世纪，位于帕坦北部的街巷中，寺院平面为正方形，格局并不复杂。它有一条狭长过道作为和外部街道的过渡空间，进入庙门后首先看到的就是位于庭院中央的小神庙。周围一圈是带有护栏且排布有序的其他功能性用房，将整个寺院围合成一个整体。庙门与中心神庙以及其后部的神殿则同在一条轴线上，从外部看很难猜测其内部规模，因为有大量民居围绕在其周边。佛教特有的组织形式决定了这种先有寺庙后有民居的形式，因为佛教僧侣都是围绕核心寺院聚居的。多种建筑组成一个整体，同时也形成了一个较为封闭内向的用来给僧侣进行修行的空间（图4-12）。

　　巴德岗北郊的印度教古老神庙昌古纳拉扬寺（Changu Narayan Temple）也采用这种布局模式。该寺的平面与黄金寺相似，但是这座印度教寺庙的主殿在庭院中央，四边都是辅助性建筑。主殿周围有许多不同时期修建的小型神庙，形成了一个以主殿昌古纳拉扬神庙为核心的封闭式空间，同样成为集中式布局的典型代表之一（图4-13）。

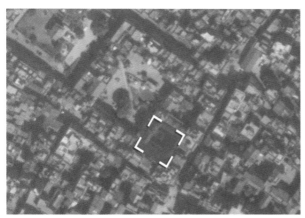

图4-12　集中式布局的黄金寺

图4-13　集中式布局的昌古纳拉扬寺

此外，位于尼泊尔东部贾纳克普尔（Janakpur）的贾纳基寺（Janaki Temple）也是集中式布局模式。这座具有伊斯兰教风格的印度教寺庙建于 1912 年，位于贾纳克普尔的老城区，具有浓郁的印度风情。这座算不上古老的神庙以矩形为平面，它的空间布局与加德满都谷地的寺院相似，都是在中心庭院内布置神庙，而四周的建筑群起到围合的作用。寺庙庭院中心是供奉罗摩王子之妻悉多的神殿，它是整个寺院的核心（图 4-14）。

3．群体式布局

群体式布局对于尼泊尔的宗教建筑而言并不多见，因为尼泊尔的宗教建筑普遍规模不大，并且多为点式或集中式布局。群体式布局往往是国家级的寺庙规格，因为它必须具备市民朝拜、社会活动以及备受（国家）王室青睐的三大要素。也就是说，群体式布局的寺庙往往有着悠久的历史和极其重要的地位，如此才有机会逐渐发展扩大规模，其中王室的关注和扶持显得尤其重要。群体式布局的宗教建筑通常占据城市的大片土地，是一个庞大的建筑组群，但都会以供奉的主神庙为核心。

位于加德满都东北部的帕斯帕提纳寺（Pashupatinath Temple）就是这种布局。它位于加德满都东北部，由巴格马蒂河一分为二，在经过上千年的重建和扩建后已经变成印度教的神庙群和宗教圣地，并以中心的帕斯帕提纳神庙为核心先后建造了上百座神庙，其周围还有火葬场、神龛群、廓拉卡纳神庙群、拉姆禅达神庙群以及象鼻神神庙等。这里供奉着湿婆的化身帕斯帕提（兽主）神，它是加德满都谷地的守护神。这里每天会接待大量的朝圣者，甚至连尼泊尔王室成

图 4-14　集中式布局的贾纳基寺

员也会定期前来膜拜。历史上帕斯帕提纳寺曾数次遭到战火洗礼，但是灾难过后国王便会出资帮助修复它，使得帕斯帕提纳寺有了今天的规模。帕斯帕提纳寺在组群规划上并没有什么宗教意向性，只是按不同时代选址修建相应的庙宇（图 4-15）。

尼泊尔佛教标志性的斯瓦扬布纳特寺（Swayambhunath Temple）也属于群体布局的模式。该寺位于加德满都西部，整个寺庙建筑群都位于一座小山上，雄伟壮丽的斯瓦扬布纳特窣堵坡是寺庙的核心建筑，也是最早修建的，时间大约是公元 3 世纪。而周围的建筑是后来陆续增建的，它受到尼泊尔历代国王的资助，并且还得到藏传佛教的大力扶持。斯瓦扬布纳特寺除了中心的窣堵坡外，还有阿难陀普尔神庙、普拉塔普尔神庙、哈里蒂庙女神寺、藏传佛教噶举派寺庙以及大量的还愿式支提组群，在该寺所在的山脚下建有几座新的佛教寺院。这里是尼泊尔以及西藏佛教徒顶礼膜拜的圣地（图 4-16）。

图 4-15　群体式布局的帕斯帕提纳寺

图 4-16　群体式布局的斯瓦扬布纳特寺

小结

尼泊尔宗教建筑的选址多种多样。笔者在梳理过相关资料后将其分为杜巴广场类、城镇类、山地类以及临河类四大选址地点。它们各具特点，但都符合了尼泊尔的当地风俗习惯、民族特性、宗教信仰以及特定的政治需求。关于宗教建筑的布局模式，笔者将其分为三种：散点式布局、集中式布局以及群体式布局。这三种模式的产生主要是在宗教历史发展过程中逐渐形成的，符合了宗教团体的传播与发展需要。

尼泊尔宗教建筑的选址与布局是尼泊尔宗教文化的一部分，值得人们深入研究。

第五章 尼泊尔宗教建筑的对外交流和影响

第一节 宗教建筑中的外来影响因素

第二节 尼泊尔佛塔对西藏佛塔的影响

第三节 尼泊尔佛塔对汉地佛塔的影响

　　尼泊尔地处喜马拉雅山南麓，国土狭窄，较为封闭，尼泊尔宗教建筑在其发展过程中仍然免不了受到外来建筑元素的影响，这些影响对尼泊尔宗教建筑的发展至关重要。得天独厚的地理位置又使得尼泊尔一直与西藏保持着密切联系，除了经济上互通有无，在文化和宗教方面也有长期交流，尼泊尔佛塔建筑形式正是在这种背景下传入西藏的。在这一友好的文化传播过程中尼泊尔著名建筑师阿尼哥功不可没，他不仅将尼泊尔的建筑艺术传播到雪域高原的西藏，更将它带到了文化璀璨、历史悠久的中国汉地，并在汉地的宗教建筑领域中留下了许多精美绝伦的作品，谱写了中尼友好交流的新篇章。

第一节　宗教建筑中的外来影响因素

　　传统的尼泊尔宗教建筑特征极为鲜明，它们的种类丰富，各个组成部分都有鲜明的尼瓦尔建筑特色，是尼泊尔人在漫长的历史过程中逐步创造出来的宝贵财富。但是笔者发现其建筑中存在着外来建筑元素以及与外国建筑（特别是东方建筑）在造型上的相似特点，正是这种外来风格服务于本土建筑的情况让我们看到了尼泊尔宗教建筑的多元化特征，对其进行分析可以帮助我们更好地解读尼泊尔宗教建筑。

1．多檐式神庙与中国楼阁式佛塔的比较

　　（1）关于"Pagoda"的称呼

　　多檐式神庙是尼泊尔宗教建筑中最具特色的一种建筑类型，也是尼瓦尔式建筑的重要组成部分（下文统称为"尼泊尔多檐式神庙"）。20世纪初西方人发现这种建筑类型后，便将其与东亚地区特别是中国的宝塔相提并论。当时法国的学者西尔万·利未（Sylvain Levi）在其著作《尼泊尔》（Le Nepal）一书中更是直接使用"塔"（Pagoda）一词来称呼尼泊尔多檐式神庙[1]。随后"塔式神庙"这一称呼便在关于尼泊尔建筑的研究领域中流行开来，甚至有许多人认为该建筑样式是受到中国汉地[2]楼阁式佛塔的影响才产生的（下文中统称"中国楼阁式佛塔"）（图5-1）。

---

1 Sudarshan Raj Tiwar. Temples of the Nepal Valley [M]. Kathmandu: Sthapit Press, 2009.
2 中国汉地，最早指中国汉朝等以后中原王朝的领土，后来成为中国汉族聚居地的统称，并用来与中国其他少数民族聚居地相区别。

但是随着学者们对于尼泊尔历史建筑的深入研究，越来越多的人开始意识到这种多檐式的神庙被冒然称做"塔"显得十分不妥。那么尼泊尔多檐式神庙到底算不算"塔"式建筑以及它到底是不是由中国楼阁式佛塔演变而来的呢？这是一个很有趣的问题。笔者通过分析与比较后认为，尼泊尔多檐式神庙与中国的楼阁式佛塔建筑没有实质上的联系，下文进行详细阐述。

（2）汉地佛塔的起源及发展

中国汉地佛塔作为中国佛教建筑的一种类型，在印度佛教传入中国汉地以后日渐形成，受到印度古代著名的佛教建筑窣堵坡的影响。窣堵坡是用来埋藏佛陀舍利的"坟冢"，建筑造型呈覆钵体式，后来也被称做佛塔。这种建筑在阿育王时代（公元前268—前232年）被大量修建，当时号称有"八万四千座佛塔"。佛塔供奉的内容也有所变化，除了最初供奉高僧舍利的佛塔外，还出现了供奉充当"舍利"的金银财宝的塔，后者的出现大大提升了塔式建筑的价值，并由此出现"宝塔"的称呼[1]。此后当印度佛教从西域传入中国汉地，古老的窣堵坡佛塔样

图 5-1　20 世纪初西方画家笔下的尼泊尔"塔式"神庙

1　徐华铮. 中国古塔造型 [M]. 北京：中国林业出版社，2007.

式逐渐被汉化，中国汉地的设计者按照本民族对于佛教的理解，融合本土的建筑风格将印度佛塔变得极为"苗条"并向上拔高，以贴近汉地神话仙境中的"琼楼玉宇"。汉地佛塔在不背离佛教教义的同时结合了中国传统文化元素，成为中国古建筑中极具特色的一种建筑类型，并最终衍生出楼阁式塔、密檐式塔、喇嘛塔以及金钢宝座式塔等多种形式与风格，塔的用途也不再局限于宗教，从而出现了风水宝塔、导航用的塔和墓塔等。

中国汉地的塔在近代受到西方建筑界的关注和追捧，譬如英国近代曾掀起过一场中国古代园林的建造风潮，中国汉地塔式建筑成为其中必不可少的建筑元素之一。也许西方的一些学者们正是在那时对"塔"这一中国建筑类型有了一点浅显的认识。

（3）楼阁式佛塔与多檐式神庙的比较

比较楼阁式佛塔与多檐式神庙之异同，主要集中在两者的建筑外形、内部结构以及建筑属性三点上，以此可以全面清楚地了解两种建筑形式的差异。

①外形比较

尼泊尔多檐式神庙在造型上带给参观者极强的视觉冲击力和向上升腾的动感，它们的建筑体态优雅，比例协调，出挑的屋檐随建筑升高而层层收缩，最终在屋顶上以镀金的宝顶作为结束。从外形上看它们的确会使人轻易地联想到中国汉地的楼阁式佛塔，因为两者都是逐层缩小并呈锥体状的。在建筑材料上这种塔有许多与多檐式神庙一样，使用砖和木作为主要建材（图5-2）。

仅从建筑外观单纯地比较，尼泊尔多檐式神庙与中国汉地的楼阁式佛塔的确十分相似。中国学者殷勇曾在《尼泊尔传统建筑与中国早期建筑之比较》[1]一文中认为尼泊尔建筑屋檐下的斜撑构件可能与中国古代斗栱和中式斜撑构件均存在一定的关联性，是中尼文化交流的体现。但是笔者认为此推论稍显牵强，还需要更多更可靠的证据来支撑。

②内部特点比较

从外观上看尼泊尔多檐式神庙与中国汉地的楼阁式佛塔"如出一辙"，然而当我们了解了它们各自的内部构造后，便相信这两种建筑只是"神似"而已，特

---

1 殷勇，孙晓鹏. 尼泊尔传统建筑与中国早期建筑之比较——以屋顶形态及其承托结构特征为主要比较对象 [J]. 四川建筑，2010（02）：40-42.

图 5-2a　中国汉地佛塔　　　　　　图 5-2b　尼泊尔多檐式神庙

别是在将中国楼阁式佛塔这种建筑类型称做塔后，尼泊尔的多檐式神庙再叫做塔恐怕就显得有些牵强附会了（表 5-1、图 5-3a、图 5-3b）。

表 5-1　尼泊尔多檐式神庙与中国楼阁式佛塔内部特点比较

建筑类型	尼泊尔多檐式神庙	中国楼阁式佛塔
宗教意向	源于曼陀罗图形	源于古印度窣堵坡
平面形状	正方形（个别八角形）	方形、六角形、八角形
平面布局	中心密室，外圈转经道	中心为佛像（密室）；部分类型有塔心柱；外圈是走道，并布置楼梯
一层外廊的设置	一层体量内收	外圈有"副阶周匝"
建筑结构	套筒式结构	筒体结构
建筑使用情况及性质	只有室内一层可供信徒进入，其他楼层不上人；建筑本身只是神龛的放大版	层层都可布设佛像，每层都可上人；一些佛塔还有暗层，与楼阁式建筑相似
支撑系统	使用斜撑、梁架	使用叉柱造、柱、梁、斜向支撑，甚至斗栱

通过上述对比后我们发现两种建筑类型其实没有必然联系，它们仅仅是外表的样式十分相似而已。

图 5-3a　尼泊尔多檐式神庙剖面

图 5-3b　中国楼阁式佛塔剖面

（3）建筑属性的差异

中国楼阁式佛塔没有实物象征性，也不能代表一座寺庙，而且是汉地佛教的一种建筑类型；尼泊尔多檐式神庙不仅象征着高耸的山峰，本身就可以作为独立的寺庙来使用，并且主要归属于尼泊尔印度教建筑类型。此外，中国汉地阁楼式佛塔内通常供奉佛舍利，而尼泊尔多檐式神庙内则供奉神灵或林伽。

（4）尼泊尔多檐式神庙的源头探究

许多学者，如殷勇等，都认为中国汉地与尼泊尔在建筑上有所交流，因此会出现建筑形式和建筑构架的相互影响。笔者在研习了相关中外资料后认为，历史上中国汉地与印度的交往甚多，但与尼泊尔的交流屈指可数，更谈不上广泛深入的建筑交流了。

纵观中尼交往的历史，中国在公元 7 世纪也就是唐代时才有外交人员以官方代表的身份首次到达尼泊尔，这位外交官应该就是王玄策[1]。据史料记载，当时他在看到谷地中此起彼伏的尼瓦尔多檐式建筑后十分惊讶，并且向尼泊尔李察维的国王表达了赞叹之情。这一举动足以表明，这位唐朝外交官从未想到

---

1 王玄策（生卒不详），是唐朝唐太宗时期的著名外交家，共 4 次出使印度，并著有《中天竺行迹》一书。

会在除大唐以外的地方看到自己十分熟悉的建筑样式，同时也表明他十分钦佩尼泊尔当时的建筑水平。由此可以看出，尼泊尔并不是一直在追随中国汉地的建筑发展走势，而是在喜马拉雅山的另一侧"默默无闻"地发展着自己的建筑文明。

　　因此，在王玄策成功由西藏翻越喜马拉雅山到达印度之后，中国汉地的商旅和僧人才获得了一条前往印度的新的路径，而这条路线途径尼泊尔。因此，一些尼泊尔史学家认为，尼泊尔多檐式神庙的源头在印度河流域[1]，笔者认为属于印度北部或喜玛拉雅文化圈的产物。10世纪以后它逐渐摆脱了印度文明的束缚，向着具有本土特色的方向发展了。当然，尼泊尔本身的封闭性也是其产生独特建筑形式的关键，因为这一点将导致其与外部交流呈现出时断时续的特点。

2．印度伊斯兰建筑风格的影响

　　印度伊斯兰建筑风格对尼泊尔中世纪及以后的建筑艺术均有着不可忽视的影响，以尼泊尔宗教建筑为例，笔者在实地考察中发现尼泊尔神庙建筑中具有明显的伊斯兰建筑元素，这些影响主要体现在神庙建筑的外立面装饰上。

　　（1）印度伊斯兰建筑风格概况

　　本书中所说的印度伊斯兰建筑风格即指印度莫卧儿（Mughal）建筑风格。莫卧儿王朝是公元16—19世纪印度大陆上出现的一个庞大帝国，以伊斯兰教为国教，并在建筑艺术上将伊斯兰风格推向了顶峰。莫卧儿伊斯兰建筑风格的特点是将印度传统艺术风格和波斯艺术相结合，形成了别具特色的拱门、尖塔以及穹顶等建筑式样，并将华丽的花纹、线条装饰附着于建筑构件上，起到美化建筑立面的艺术效果，使建筑与装饰高度统一（图5-4）。

图5-4　尼泊尔伊斯兰风格的神庙

---

1 Ronald M Bernier. The Nepalese Pagoda Origins and Style [M]. New Delhi: S.Chand & Company Ltd, Ram Nagar,1979.

　　印度伊斯兰建筑风格随着莫卧儿王朝政治与文化影响力的强大在南亚地区四处传播，这其中就包括位于印度北边的尼泊尔。

　　（2）印度伊斯兰风格对尼泊尔神庙建筑的影响

　　①伊斯兰穹顶风格的引入

　　穹顶形式是伊斯兰风格在莫卧儿时期最具代表性的建筑形式，最早诞生于两河流域[1]。13世纪时来自中亚的伊斯兰教占领了印度大片地区，印度工匠在被迫为伊斯兰教统治者服务期间，逐渐用自己的理解建造出了具有印度本土特色的穹顶风格，即一种半圆形穹顶。这种穹顶的初期形式并不是一个完整的半圆形曲线，直到15世纪印度工匠们才真正掌握了建造伊斯兰穹顶的技术，穹顶原来不完整的半圆形曲线得以被建成完整的半圆形。后来穹顶的建筑风格被印度的印度教所吸收，融入其他宗教建筑中（图5-5）。

　　① 阿莱墓 1311　②古亚斯丁墓 1321—1325　③巴拉墓 1484　④胡马雍墓

图 5-5　印度不同时期的穹顶

　　穹顶风格对尼泊尔建筑的影响大致是从马拉王朝时期（13—18世纪）开始的，近代的沙阿王朝拉纳政府统治时期这一建筑风格被推向高潮。它除了用在宫殿建筑上，也被大量应用于印度教的神庙上，在尼泊尔印度教适时地追随统治阶层的政策导向下呈现出这一态势。关于尼泊尔的穹顶风格，笔者认为，马拉王朝时期出现的锡克哈拉式神庙的锥形体很像是穹顶的变形，不过当前还很难说

---

1 两河流域：指位于西亚幼发拉底河和底格里斯河和之间的美索不达米亚平原。

清它们之间是否存在联系。穹顶除了在拉纳
政府统治时期作为神庙的首选屋顶形式外，
在 1934 年尼泊尔大地震后也作为修复损毁神
庙的指定屋顶形式，因为它们的结构形式相
比尼瓦尔式神庙更为简单。帕坦杜巴广场西
南角的比湿瓦纳特神庙（Vishvanath Mandir）
就是其代表。这座神庙建于 1678 年马拉王朝
的加德满都王国时期，当时是模仿印度莫卧
儿王朝的一座八角形神庙修建的，不幸的是
毁于 1934 年的地震。重建则十分迅速，其中
屋顶采用穹顶式代替。在尼泊尔这种神庙很
多。穹顶的样式在经过本土化发展后变得非
常丰富，笔者在实地调研时总结出常见的三
种尼泊尔式穹顶样式（图 5-6）。

②神庙立面上的伊斯兰特色

尼泊尔印度教神庙上最具伊斯兰特点的当
属拱券式柱廊。拱券形式是伊斯兰建筑的特色，
在伊斯兰建筑上我们经常可以看到由分行排列
的方柱或圆柱支撑的拱门以及券窗。这种建筑
元素来自两河流域，并最终在伊斯兰建筑中被
发扬光大。拱券历经数百年演变出多种样式，
不仅可以辅助两旁的柱子承受荷载，也可以美
化建筑立面。

尼泊尔印度教神庙通常在外廊上使用拱
券，尼泊尔主要使用的是尖形拱券，并且将拱
券边缘制成"波浪状"，其下部是雕刻有线圈
且上部带有伊斯兰式柱头的柱子。这是属于莫
卧儿王朝时期的伊斯兰风格，拱券的形式常常
以中央一个尖头、两侧各有三至四个半弧形的
装饰为原则进行搭配，下部的柱子装饰得十分

图 5-6　三种尼泊尔式的穹顶样式

图 5-7　廓尔喀神庙中的伊斯兰元素："波浪式拱券"和柱身上的西式纹样

精致。尼泊尔人在中世纪时引入了这种装饰手法，并且得到统治者的认可，尼泊尔中部谷地的三大杜巴广场上有不少神庙的柱廊带有伊斯兰风格的拱券，而西部廓尔喀人的山顶城堡也使用了这种形式来装饰柱廊。伊斯兰元素在尼泊尔经过当地工匠的改造后，很好地与当地风格相结合，使尼泊尔的建筑元素变得多元化（图 5-7）。

第二节　尼泊尔佛塔对西藏佛塔的影响

尼泊尔对西藏宗教建筑方面的影响主要集中在佛教建筑领域。虽然尼泊尔佛教与西藏佛教同源于印度佛教，但印度佛教对尼泊尔佛教的影响却早于西藏佛教，于是佛教建筑便早于西藏在尼泊尔获得了发展与成熟，形成了具有尼泊尔特色的建筑风格。而在西藏佛教发展初期，尼泊尔佛教已经趋于稳定，于是处于摸索阶段的西藏佛教急于寻求出路，便不断南下尼泊尔取经求法。僧侣们前来学习教义的同时也借鉴了更为先进的尼泊尔佛教建筑布局形式，从而使得尼泊尔佛教建筑风格慢慢地在西藏地区传播开来。虽然最终佛教在尼泊尔失去了最初的荣光成为印度教的配角，但藏传佛教却在漫长的宗教斗争后一跃成为整个西藏地区最大的宗教教派，并逐步以教权取代王权，成为西藏地区的实际统治阶层。尼泊尔佛教及佛塔对西藏的影响不容忽视，这是由西藏和尼泊尔极为贴近的地理位置以及同属喜马拉雅山佛教圈的关系而决定的[1]。

通过研究笔者发现，尼泊尔佛教建筑中佛塔类建筑对西藏佛教建筑的影响较为深远。尼泊尔佛塔可以概括为窣堵坡和支提两种类型（下文中将窣堵坡统称为佛塔）。佛塔起源于印度，随着印度佛教一起传入早期的尼泊尔谷地。当时尼泊尔的佛塔主要是"帕坦阿育王四塔"以及查巴希佛塔。在此之后，佛教信徒又在谷地建造了另外两座巨大的佛塔——斯瓦扬布纳佛塔和博得纳特佛塔，塔刹的宝匣上均描绘有尼泊尔宗教中象征智慧的佛眼。现如今这两座佛塔早已闻名于世，两座佛塔的建筑风格和装饰样式也已成为尼泊尔佛塔独有的标志。支提小佛塔则是尼泊尔人独创的建筑类型，这种仅有 1~2 米高的小型佛塔做工精细，佛塔周身刻有佛陀造像，不会占用过多的场地，而且适合在私人庭院内布置。两种具有浓郁尼泊尔风格的佛塔类型随着西藏僧侣的取经求法自然而然地被吸纳到西藏佛教建筑中去，这个吸纳的过程并不只是简单的抄袭、模仿，而是主动加入了西藏佛教文化中自己的元素和理念。西藏人对于佛塔的修建十分重视，他们将其视为积累功德的善举和大事[2]。

关于尼泊尔佛塔对西藏佛教建筑的影响，最具代表性的是白居寺十万佛塔，它是西藏最雄伟的佛塔之一（图5-8）。十万佛塔建于1414年（尼泊尔正处于马拉王朝统治时期），佛塔为9层，高42米，由塔基、塔身、塔刹等组成。其中塔基为5层，平面为四面八角形，逐层递收，每一层里都有佛堂；塔基之上为圆形塔身，再往上是塔刹部分，塔刹由一个箱型体

图5-8 白居寺十万佛塔

1 索南才让.论西藏佛塔的起源及其结构和类型[J].西藏研究，2003（02）：82-88.
2 索南才让.论西藏佛塔的起源及其结构和类型[J].西藏研究，2003（02）：82-88.

块和铜制相轮、镀金华盖以及塔尖组成。十万佛塔通体为白色，并装饰有藏式花纹，佛塔名称的由来是因内部供奉有近十万尊佛像[1]。十万佛塔是典型的西藏吉祥多门式佛塔，也是西藏佛塔建筑中的珍品。

十万佛塔上尼泊尔佛塔的风格清晰可见。佛塔所属的吉祥多门塔造型极其类似于尼泊尔斯瓦扬布纳佛塔旁的白色瓦乌普尔（Vayupur）支提（图5-9）。瓦乌普尔支提的样式可能演变自李察维时代的早期支提（图5-10），其塔基部分的平面为四边折角型，基座很高且逐层收缩，每一层都有一圈佛龛，塔基上则是一个小型的佛塔。十万佛塔的塔刹部分与斯瓦扬布纳佛塔相同，同样有一个"宝匣"，并绘有"大佛之眼"的图案，上面的相轮和华盖也与斯瓦扬布纳佛塔的一样，只是比例有所变化。

以白居寺十万佛塔为代表，我们便可以对西藏佛塔与尼泊尔佛塔之间的渊源所在一目了然。正是由于西藏佛塔在摸索其建筑形式的过程中不断吸取尼泊尔佛塔建筑中的元素，并创造性地加入自己的地方文化，才形成了既与传统佛教相统一又有自己独立特色的建筑风貌。经分析后笔者发现，尼泊尔佛塔在塔基样式、覆钵体造型、塔刹部分对西藏佛塔的影响最为显著，这些影响恰是西藏佛塔定型的关键因素。"覆钵"样式的塔就是日后在汉地被称为"喇嘛塔"的西藏佛塔，是对尼泊尔佛塔造型的一种演变。正是长期的宗教磨合与文化撞击给西藏佛教建筑带来了新的活力，最终形成了我们今天所看到的外形玲珑、比例协调、风格独特的西藏佛塔样式。

图 5-9　瓦乌普尔支提

图 5-10　尼泊尔早期支提

1　白居寺 [EB/OL]. http://baike.baidu.com/view/47690.htm?fr=aladdin.

第三节　尼泊尔佛塔对汉地佛塔的影响

1. 中国汉地的尼泊尔佛塔概况

笔者在前文中曾经通过比较的方式阐述了尼瓦尔多檐式神庙与中国汉地佛塔没有联系性。但尼泊尔佛塔在建筑形式、结构类型等方面对 13 世纪后汉地出现的"喇嘛塔"的影响却是毋庸置疑的。

元朝（1271—1368）时期"喇嘛塔"进入汉地，如同汉人对西藏佛教称"喇嘛教"一样，"喇嘛塔"是汉人对西藏佛塔的汉地称呼。"喇嘛塔"起源于西藏，是西藏佛教建筑对印度佛塔与尼泊尔佛塔进行融合后的本土化改造，并经过漫长的演变最终形成了西藏地区特有的一种覆钵塔形式。

汉地著名的"喇嘛塔"有：北京妙应寺大白塔、北海白塔、五台山塔院寺大白塔以及扬州瘦西湖莲性寺白塔。西藏"喇嘛塔"主要由塔基、塔身（覆钵体）、塔刹三部分组成。塔基部分由须弥座和金刚圈组成；塔身则是白色的覆钵体，其上开有眼光门[1]；塔刹部由底座、相轮、华盖和塔尖组成。汉地化的佛塔将尼泊尔的佛塔形制、西藏的装饰艺术以及汉地的人文风貌融为一体，最终经过历史长河的洗涤成为当世经典（图 5-11）。

元代以后西藏佛塔的主要形式是"喇嘛塔"。尽管这种佛塔也融入少许汉地风格，但尼泊尔元素的烙印依旧很清晰，这一点在"喇嘛塔"的基座和覆钵体上最容易发现。西藏"喇

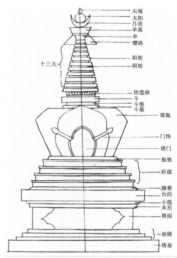

图 5-11　西藏喇嘛塔的造型

1 眼光门，又称"时轮金刚门"，是喇嘛塔覆钵体上的盾形小龛，内有藏式图案，寓意为吉祥如意。

嘛塔"在基座处理上已经弱化了其高度与整体的比例，与尼泊尔早期支提以及西藏十万佛塔的样式都不同；在覆钵体（塔身）部分，"喇嘛塔"逐渐缩小了覆钵体的体积，并使它变成近似于球体的形状；最上部的塔刹位置，西藏本土化后的"喇嘛塔"拉长了其中相轮部位的尺度，但依旧保留尼泊尔的装饰艺术。改良后的西藏佛塔（即"喇嘛塔"）可以很和谐地融入汉地精致的木建筑组群中，并成为亮点。将这种佛塔样式引入汉地的正是一位来自尼泊尔的杰出建筑师——阿尼哥（Anigo）。

2. 建筑师阿尼哥在中国的造塔经历

（1）阿尼哥之前的中尼交往情况

正如上文所述，13世纪以前尼泊尔与中国汉地的来往极少，与中国西藏地区却因为贸易而紧密往来，因此尼泊尔与中国的联系应该先从西藏说起。

尼泊尔与中国西藏的往来可以追溯到李察维时代。早在李察维建立之初，与西藏之间的商业活动就已经十分频繁，虽然两地相隔一条环境恶劣的喜马拉雅山脉，但是丝毫没有磨灭商旅往来其间的热情。历史上的尼泊尔始终是一个较为封闭的小谷地，其农副业较为落后，所以它的繁荣很大程度上依赖于贸易活动。

这一时期尼泊尔的国家建设丝毫不缺少活力，无论对外交往还是建筑营造都表现出了一个王朝的自信和朝气。7世纪，李察维王朝通过联姻建立了与西藏吐蕃王朝之间的联盟。也就是在621年左右，李察维国王阿姆苏瓦尔玛（Amshuvarman）将自己的女儿墀尊公主远嫁拉萨，与松赞干布结"秦晋之好"，为尼泊尔这个处于西藏吐蕃和印度之间的小国在夹缝中的生存提供了必要的空间。于是佛经、佛像以及工匠和技术也伴随着墀尊公主的远嫁一路颠簸来到了西藏，为吐蕃佛教的发展输送了"新鲜血液"。

在阿姆苏瓦尔玛国王死后12年，中国唐朝高僧玄奘从长安出发历经坎坷后终于到达了中国人心中的佛教圣地——印度那烂陀寺（Nalanda），时间是公元633年。据其回国后所著的《大唐西域记》所载，当时这位高僧也曾途径尼泊尔，他所看到的尼泊尔：四周雪山环绕，谷地周长四千华里，国都长二十华里；盛产谷物、瓜果、金属矿物和牦牛；人们在买卖商品时使用的是铜币；其他宗教与佛教同时盛行，并大约有两千个僧侣住在这里[1]。

---

1 参见《大唐西域记》：卷第七（五国）关于《尼波罗国》的内容。

在玄奘于印度"取经"之时，唐朝出于与印度往来的需要，派出了以王玄策为首的使团出使天竺（古时我国对印度的称呼）[1]。王玄策先后四次出使印度，均路过尼泊尔。公元643年首次抵达时，他代表唐朝与尼泊尔（当时唐朝称"泥婆罗"）建立了外交关系，从此开启了两国友好交往的历史。王玄策在出使过程中促使了一条新的连接汉地和印度的交通路线的诞生，即从著名的唐蕃古道[2]继续向南抵达西藏边境城市吉隆后进入尼泊尔，并由此南下到达印度。这条路线的开通意义重大，因为此前以玄奘为代表的中国求法僧人必须从新疆至中亚兜一个大圈子后才能到达印度，新的路线缩短了行程，使僧侣和商队避开了此后控制中亚的伊斯兰势力的袭扰。尼泊尔在这时进入了中国汉地王朝的视野，《旧唐书》在《西戎传·泥婆罗》一文中就已记录该国风土人情："泥婆罗国，在吐蕃西。其俗剪发与眉齐，穿耳，揎以竹桶牛角，缀至肩者以为姣丽。食用手，无匕箸。其器皆铜。多商贾，少田作……"[3]这些记载标志着我国对于尼泊尔有了初步的了解。

（2）建筑师阿尼哥及其在中国造塔的情况

据中国《元史》记载，阿尼哥（Anigo），1244年出生于尼泊尔的帕坦城，释迦族人，并且是王族后裔[4]。

阿尼哥出生的年代正值尼泊尔马拉王朝统治时期。当时尼泊尔谷地掀起了"文艺复兴"的热潮，是尼泊尔建筑与艺术发展的黄金时期，这一时期无论建筑营造还是雕刻艺术都创造了辉煌的成就。阿尼哥正是在这样一个时代背景下诞生的，所以他骨子里继承了尼泊尔人心灵手巧、精于建造的特质（图5-12）。

阿尼哥所在的这一时期，是尼泊尔工匠往来于尼泊尔与西藏之间频繁从事建造活动

图5-12　白塔寺阿尼哥雕像

---

1 关于王玄策出使印度的详细情况可以参看《唐朝杰出外交活动家王玄策史迹研究》和《王玄策出使印度、尼泊尔诸问题》两篇文章。

2 唐蕃古道，是连接唐朝与吐蕃之间的要道，自西安起，途径甘肃青海至西藏拉萨，全长3 000多公里。

3 参见《旧唐书》：卷一百九十八·列传第一百四十八《西戎传·泥婆罗》的内容。

4 参见《元史》：卷二百零三·列传第九十《阿尼哥》的内容。

的时期。尼泊尔工匠精湛的营造工艺深深折服了西藏人，正是这些能工巧匠使得尼泊尔成为远近闻名的建筑艺术王国。

公元 1252 年，西藏佛教萨迦派领袖八思巴与元朝建立友好关系。八思巴深得元朝统治者信任，并被授予掌管西藏一切政治和宗教事务的权力。1260 年八思巴被拜为"国师"，自此他的宗教权限已经扩展到元帝国全境，并在汉地积极推行藏传佛教。这一年，少年阿尼哥作为一批尼泊尔工匠的领导率众抵达西藏，为八思巴修建佛塔（即"黄金塔"）。由于他的建造技艺十分高超，深得八思巴的欣赏，因而八思巴收其为俗家弟子，留在身边悉心栽培。最终，阿尼哥被八思巴推荐到元大都，并开启了他在中国汉地传奇般的建筑师生涯。

在元大都（今北京），元朝皇帝忽必烈召见了阿尼哥。据说他和忽必烈有这样一段对话，当时高高在上的元朝皇帝问道："你见到我不会感到恐惧吗？"阿尼哥回答道："吾皇对待子民就像父亲对待儿子一样，因此儿子来朝见自己的父亲只有敬爱之心，又怎会有恐惧之感呢？"[1]这一巧妙的回答使得忽必烈对阿尼哥顿生好感，于是很快他就得到了一显身手的机会。

当时蒙古人刚刚入主中原，人心不稳，忽必烈听从汉族官员的建议决定"以儒治国，以佛治心"，所以在政治与文化上倾向于汉化，而在宗教上则注重佛教对臣民精神的掌控。公元 1271 年忽必烈下令由阿尼哥负责在都城北部修建一座大佛塔及寺院以向臣民宣扬佛教的荣光。阿尼哥接到诏令便夜以继日地工作，他满怀热情地将自己多年来对尼泊尔和西藏佛塔建造工艺领悟之精髓都附着于位于中国汉地的佛塔之上。佛塔于 1279 年建成，它就是日后名扬天下的北京妙应寺大佛塔，当时又称"大圣寿万安寺佛塔"（图 5-13）。

这座佛塔凝聚了阿尼哥心血的大佛塔是一座典型

图 5-13　北京白塔寺

1 黄春和. 阿尼哥与元代佛教艺术 [J]. 五台山研究，1993（03）：40-42.

的尼泊尔—西藏风格的佛塔。佛塔占地面积1 422平方米，塔高60米，整座佛塔由塔基、塔身以及塔刹组成。塔基分为三层，最下层成方形，其上两层为亚字形须弥座，并从底部设一通道可直通上层基座。塔身为巨大的覆钵形，并加装7根铁箍。其上为小型须弥座，之上就是相轮以及铜质的华盖，华盖之上是高约5米的鎏金宝顶。这座佛塔通体为砖砌并涂白色颜料。除此之外，佛塔周边四角还各建有一个小亭子，亭子为汉地建筑样式。这座佛塔的平面布局形式与尼泊尔的博得纳特佛塔基座平面样式十分相似，这是因为阿尼哥特意参考了自己家乡的经典建筑样式，并将其融入汉地建筑中，从而达到中尼建筑艺术的完美合璧（图5–14）。

大圣寿万安寺佛塔是阿尼哥在中国汉地的第一个建筑作品，也是他建筑师生涯的代表作。这座佛塔完美地结合了尼泊尔、西藏以及汉地建筑风格，丰富了元大都的城市轮廓线，达到了忽必烈希望的"壮观王城"的效果。同时这座佛塔也是"喇嘛塔"在汉地早期的代表作，此后的其他佛塔，如北京北海的喇嘛塔、山西塔院寺喇嘛塔等都是以此为蓝本建造的。这座佛塔也为阿尼哥本人带来了极高的荣耀，忽必烈鉴于他的功绩先后任命他为"诸色人匠总管府"总管以及光禄寺大夫、大司徒等官职以表彰他的才干。

阿尼哥此后一直生活在中国，直到61岁时病逝。他为中国宗教建筑贡献了毕生的心血，其中包括3座佛塔、9座寺庙、1座道观[1]。令人遗憾的是，这些建筑中遗留至今的只有2座佛塔（即北京妙应寺大佛塔和山西五台山塔院寺佛塔）。

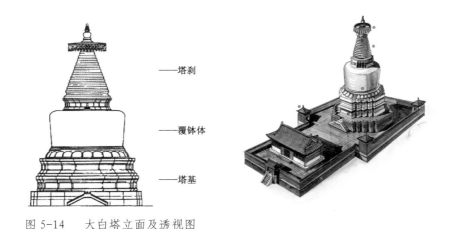

图5-14　大白塔立面及透视图

---

1 张连城. 阿尼哥与白塔寺 [J]. 北京文化史谈丛，2008（03）：124–127.

关于阿尼哥的记录《元史》中还说到：他"长善画塑，及铸金为像"[1]。也就是说阿尼哥不仅是一位建筑师，还是一名杰出的雕塑师。相传他擅长使用"失蜡法"铸造金属雕塑，这是一种源自于印度北方的造像工艺，尼泊尔雕塑艺术就是吸收了这种制作方法才惟妙惟肖的。中国人将这种雕塑样式称为"西天梵相"，对这种风格表示认同。阿尼哥有着高超的造像技艺，不少中国工匠都投入他的门下潜心学习雕塑制作，从而为中国佛教造像事业培养了一批杰出的人才。

小结

本章节首先简要探讨了尼泊尔宗教建筑中的外来影响因素，特别是针对尼泊尔本土宗教建筑多檐式神庙类型进行了分析，论述了它与中国楼阁式塔的异同之处以及建筑风格上可能存在的互动。

本章节还论述了尼泊尔佛塔在中国西藏和汉地的传播，并认为两者间可能存在着顺承的关系。即尼泊尔佛塔首先影响了西藏佛塔的风格，随后由于政治原因西藏佛塔随着藏传佛教一起进入中原汉地，尼泊尔佛塔风格也就顺理成章地跟随而至，这应该就是典型的宗教建筑风格的传播过程。但是，这一传播过程却是无比漫长和波折的，需要无数建筑师和工匠付出劳动和汗水，需要他们具备勇气和创新精神，敢于吸纳外来建筑艺术又能够去粗存精，使外来元素与自己的本土文化完美地结合，从而得到新的升华。

作为尼泊尔人的阿尼哥，为中国宗教建筑的发展作出了杰出贡献，他不远万里跋山涉水来到中国汉地，无形中建立起一座尼泊尔与中国友好交往的桥梁。文化的传播不可能是某个人的号召或是智慧的灵光乍现，必然是群策群力的结果。笔者坚信，阿尼哥只是在华尼泊尔建筑师和工匠的一个代表，还有更多的尼泊尔人在中国从事建筑营造。他们虽然没有留下姓名，但是历史不会忘记他们，他们在中尼两国文化的传承与交流中扮演了不可缺少的角色。

---

1 参见《元史》：卷二百零三列传第九十《阿尼哥》的内容。

第六章　尼泊尔宗教建筑实例

在尼泊尔这样一个文明古国，历史悠久的建筑俯拾即是，而其中尤以古老的宗教建筑特点最为鲜明、种类最为繁多，古老的神庙或寺院从古至今都是尼泊尔人极为崇敬的神圣之地。如今，尼泊尔历史上遗留下来的宗教建筑以印度教建筑为主，分布也最为广泛。佛教建筑则主要集中在中部地区，数量不多。这些古老的建筑是尼泊尔宗教文化的重要组成部分，也是尼泊尔建筑艺术和营造技术的完美结合。笔者将在本章中介绍尼泊尔几座历史名城内的宗教建筑。

第一节　宗教建筑的分布

尼泊尔从不缺乏历史悠久的宗教建筑。早在基拉底时代尼泊尔一带的居民就已经开始修建神庙，尽管这些建筑都没有保留至今，但是它们为后来的宗教建筑建造打下了基础。根据史料记载，公元 5 世纪时在尼泊尔统治的李察维人已经修建了大量寺庙。随着中世纪的到来，尼泊尔谷地的建筑艺术发展达到顶峰，取得了辉煌成就，也形成了独具特色的尼瓦尔式建筑风格，宗教建筑恰恰是呈现这一辉煌成就最完美的载体。当时的尼泊尔东西部地区由于长期诸侯割据，因此关于宗教建筑的记载很少。笔者在实地调研时发现，东西部地区现存至今的宗教建筑主要建于 16 世纪以后，而且在建筑风格上开始向尼瓦尔式建筑靠拢。形成这种现象的原因，其一是由于尼泊尔谷地（中部地区）更为先进的建筑技术和华丽的建筑形式伴随着商业贸易活动进行了对外输出，其中还包括建筑人才的输出；其二是由于谷地外诸侯国统治者个人的喜好所导致，比如当时的廓尔喀（Gorkha）国王普里特维·纳拉扬·沙阿（Prithvi Narayan Shah）就十分欣赏尼瓦尔式建筑，并请工匠为其修建了该风格的宫殿和神庙，从而推动了这种风格在廓尔喀王国的流行。

纵观尼泊尔宗教建筑的分布，加德满都谷地（当时的尼泊尔谷地）是尼泊尔宗教建筑最为集中的地方，这里汇聚了大量历史上遗留下来的建筑精品，除了千年古城加德满都（Kathmandu）、帕坦（Patan）以及巴德岗（Bhadgaon）外，吉尔提普尔（Kirtipur）、提米（Thimi）、巴内帕（Banepa）等古镇也遗留下了大量的宗教建筑。毫不夸张地说，加德满都谷地堪称尼泊尔建筑艺术的宝库。谷地以外的地区则可以分为北部、西部、东部以及南方狭长的特赖（Terai）平原地区。由于这些地方遗存的宗教建筑较为分散，而且北部、西部和东部的大部分地区是环境险恶、极为原始的山谷，安全无法得到保障，因而笔者的调研地点主要集中在更为发达的地区。

图 6-1　笔者尼泊尔调研地点示意图

　　下文将逐一介绍尼泊尔历史名城内的宗教建筑，这些历史名城包括：位于中部尼泊尔谷地的加德满都、帕坦、巴德岗、吉尔提普尔；谷地周边的努瓦阔特和南摩布达；西部的廓尔喀、本迪布尔、丹森；以及东部的贾纳克普尔和南部的蓝毗尼。这其中还包括尼泊尔被联合国教科文组织确定的八大世界文化遗产，即加德满都、帕坦以及巴德岗的三大杜巴广场、斯瓦扬布纳窣堵坡、博得纳窣堵坡、帕斯帕提纳寺、昌古纳拉扬寺以及蓝毗尼佛祖诞生地（图 6-1）。

第二节　加德满都的宗教建筑

1. 城市概况

　　加德满都 (Kathmandu)，建于公元 8 世纪，早期名叫"坎提普尔"（Kantipur)，意思是"光明之城"。据说，印度教徒相信城市的兴建是因为当时的国王得到女神克拉米什的指点。后来"加德满都"一名是由杜巴广场上的著名福舍"加塔曼达"（Kastha Mandap）的含义"木屋"演变而来。这座福舍曾经是谷地中极为著名的建筑，也是加德满都城的象征（图 6-2）。

图 6-2　古代加德满都城

　　加德满都一直以来都是尼泊尔最大的城市，是李察维王朝、加德满都王国（1482—1768）以及沙阿王朝的首都，也是尼泊尔加德满都谷地中三座主要城市之一和当今尼泊尔最大的城市，同时还是其政治、文化和经济的中心。这座古城的历史可以追溯到李察维时代，到马拉王朝控制这一城市时，这里已经是喜马拉雅山南麓最为繁华的大都会了。如今加德满都老城区到处都能看到历史遗迹，特别是宗教建筑。由于尼泊尔人长期以来以信奉印度教为主，所以加德满都遗留下来了数量众多的古老的印度教神庙建筑。除了著名的杜巴广场神庙建筑群外，在加德满都的大街小巷中，随处可见印度教的神庙或神龛。它们通常坐落于街道两边或是道路交汇处。这些小神庙种类繁多，风格各异，行人也很容易接近。而佛教建筑寺庙则多被民居所占据，保存完好的不多。此外，加德满都现存的两座窣堵坡斯瓦扬布纳特和博得纳特成为藏传佛教寺院聚集之地，在这里可以看到五颜六色的经幡和成排的转经筒。

2．杜巴广场的神庙建筑群

　　加德满都的杜巴广场（Kathmandu Durbar Square）是尼泊尔最大最繁华的皇宫广场，它的历史十分悠久。据史学家推测，加德满都杜巴广场的雏形可能是李察维时期一座宫殿前的集会场所，然而当12世纪马拉人统治了尼泊尔谷地并征服了加德满都后，这里就变成了马拉王朝统治该城的行政中心所在地。15世纪末，马拉王朝分裂，尼泊尔谷地分成了加德满都、帕坦和巴德岗三个王国，加德满都杜巴广场上的宫殿便成为加德满都王国的王宫，这座王宫就是如今闻名遐迩的哈努曼多卡宫（Hanuman Dhoka Palace）。此后马亨德拉·马拉（Mahendra Malla）和普拉塔普·马拉（Pratap Malla）两代君主出于对建筑的热爱和统治的需要不断地修建新的宫室庭院以及神庙建筑。直到18世纪末王国内忧外患、财力不济时建造活动才停止，而后来攻占加德满都的廓尔喀沙阿国王也修建了一些宫殿。因此，从16世纪到20世纪，加德满都杜巴广场变成了一个建筑宝库，汇聚了尼泊尔最为精彩的古建筑群。历史上许多君王就是在这里兴建自己理想的宫殿和神邸的。

　　这座杜巴广场可以分成印度教的神庙和王宫两大部分。其王宫中也建有神庙，而无论是宫殿还是神庙，每一座建筑都如同精雕细刻的艺术品一般，由印度教、密教神话故事雕刻而成的木雕作品布满整个建筑。建筑外墙通常都以红砖砌筑，屋顶多为重檐式坡顶。倾注了尼泊尔历代国王心血的杜巴广场是加德满都最为重要的印度教神庙建筑集中地，俨然就是尼泊尔印度教神庙建筑的露天博物馆。

加德满都杜巴广场上的神庙建筑主要分成两个部分。其一是广场上的神庙建筑，其二是王宫内与宫殿建筑相结合的神庙。除宫殿内的神庙以外，广场上的尼瓦尔式神庙建筑有22座，印度锡克哈拉风格的神庙建筑有5座。下文将由南向北对极具代表性的9座广场神庙建筑进行介绍（图6-3）。

（1）广场上的神庙建筑群

①加塔曼达神庙（Kasthamandap）

建造年代：12世纪左右，李察维王朝晚期

建筑类型：尼瓦尔多重檐式神庙

加塔曼达神庙位于杜巴广场最南端入口处。据说这座寺庙是由一整颗大树建

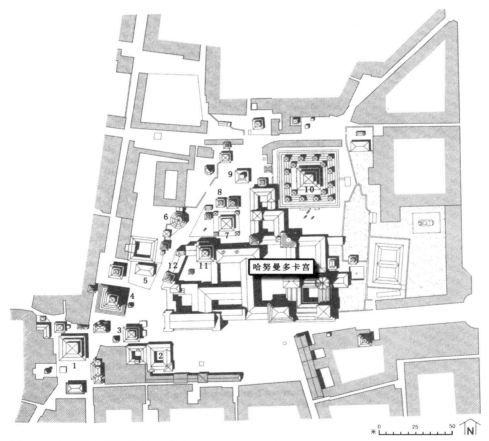

图6-3　加德满都杜巴广场平面图

造而成的，因此又取名"独木庙"。独木庙对于加德满都这座城市而言，似乎意义重大。独木庙的英文名为Kasthamandap，而加德满都（Kathmandu)的名称据说就源于这座神庙。该神庙雏形是一座供南来北往的朝圣者休息的福舍（Sattal），人来人往，车水马龙。大约在16世纪时，马拉王朝的统治者

图 6-4　加塔曼达神庙

将它改作苦行僧乔罗迦陀[1]（Gorakhnath）的祠堂。这座宏伟的庙宇几经改建，失去了最初的模样。神庙为三层，三层平面均为正方形，层层递收。一层外为柱廊，大厅中央有4根高达7米的木柱，它们是主要的支撑结构。二层有一圈挑出的外廊，这也是福舍建筑的特点。三层面积最小，如同一个观景的尖顶小塔楼。加塔曼达神庙外表朴素，只有一些印度教和佛教内容的雕刻，缺少华丽的装饰（图6-4）。

②库玛丽神庙（Kumari Bahal）

建造年代：1757 年，马拉王朝的加德满都王国时期

建筑类型：佛教寺院式

库玛丽神庙位于杜巴广场南部，建于1757年，是一座佛教庭院式的神庙。这座神庙是给著名的尼泊尔"活女神"库玛丽居住的。活女神从马拉时代起就是尼泊尔历代国王的保护神，尽管她是一个小女孩，但是却受到国王和臣民的爱戴和尊敬，他们会在盛大的因陀罗节中请出活女神并以游行的方式开展庆祝活动。1768 年的因陀罗节时，廓尔喀军队突然袭击并攻入了空虚的加德满都城，最终灭亡了加德满都王国，成为历史悲剧。库玛丽庭院平面为正方形，有一个

---

1 乔罗迦陀，瑜伽大师，相传曾化为一个凡人来到尼泊尔。中途坦特瑞克（Tantrik）发现他，并给他施咒让他离开尼泊尔。乔罗迦陀得知自己被困于符咒，对坦特瑞克说，如果解除他的符咒，便答应实现坦特瑞克所有的愿望，坦特瑞克请求赐予他足够的材料建造一座寺庙。后来在坦特瑞克的农场里生长了一棵大树，高大粗壮足以建造一座寺庙，独木庙便由此而来。独木庙梵语名为加塔曼达，而后以此为中心造屋筑城，即成城名，这也是尼泊尔首都加德满都名称的由来。

朝北的入口，寺院内部和外部看起来都十分精致而且布满了雕刻。库玛丽庭院的亮点在于窗户，其外立面上的三排窗户并不雷同，形式不同，大小不一，窗户的装饰也不一样。第三层中间还有一个三联排的突出窗户，看起来格外显眼，也明确了入口的位置。其他窗户则各具特色，雕刻都十分精细。库玛丽庭院内部的装饰也十分精美（图 6-5）。

③特雷洛基亚·莫汉·纳拉扬神庙（Trailokya Mohan Narayan Mandir）

建造年代：1679 年，马拉王朝的加德满都王国时期

建筑样式：尼瓦尔多重檐式神庙

特雷洛基亚·莫汉·纳拉扬神庙位于杜巴广场南部，是一座尼瓦尔风格的砖砌神庙。该寺庙供奉的是印度教毗湿奴的化身纳拉扬。建筑的平面为正方形，由五层基座和三层的神庙建筑组成。五层基座层层递减，并在最高一层上安放神庙。神庙建筑四个外立面形式相同，每一层都有一圈外廊。神庙的外墙满涂白漆，与红色的柱廊和基座形成鲜明对比。整体看上去显得舒展而美观。这座神庙前还有一尊巨大的双手合十的金翅大鹏迦楼罗的跪像，它是毗湿奴忠实的坐骑，也是神

图 6-5　库玛丽神庙

庙归属的象征（图 6-6）。

④玛珠神庙（Maju Mandir）

建造年代：1690 年，马拉王朝的加德满都王国时期

建筑类型：尼瓦尔多重檐式风格

该神庙位于杜巴广场南部，是一个小型集会广场的核心建筑。它有九层基座，神庙平面为正方形，入口台阶和神殿主门朝向东面。神庙为三层，高 17 米，可以俯瞰杜巴广场南部的景观。神庙一层的神殿外有一圈柱廊。墙体为白色。三个屋檐下均有斜撑，上面有印度教神灵的雕刻（图 6-7）。

⑤湿婆与帕尔瓦蒂神庙（Shiva-Parvati Mandir）

建造年代：18 世纪末，沙阿王朝初期

建筑类型：尼瓦尔迪奥琛式神庙

湿婆与帕尔瓦蒂神庙（图 6-8）由沙阿王朝开国君主普里特维·纳拉扬·沙阿的儿子拉纳·巴哈杜尔·沙阿（Ran Bahadur Shah）下令修建，在历史上成为沙阿早期政府支持尼瓦尔风格的建筑代表[1]。该神庙位于杜巴广场中部，紧邻皇宫。

图 6-6　特雷洛基亚·莫汉·纳拉扬神庙　　图 6-7　玛珠神庙

1 Michael Hutt. Nepal-A Guide to the Art & Architecture of the Kathmandu Valley [M]. New Delhi: ADROIT, 1994.

图 6-8 湿婆与帕尔瓦蒂神庙

神庙平面为长方形，两层建筑及基座均由红砖砌筑，主入口朝南，并有一对石狮雕像。神庙的屋顶为四坡顶，屋脊上排列着三座镀金宝顶。该建筑正立面分为两部分，一层几乎被并排排列的门窗所占据，二层由雕琢精美且镂空的木质排窗组成。正中间的窗口内安放着湿婆与其配偶帕尔瓦蒂向外眺望的雕像，显得十分生动，并且与广场上前来膜拜的人群形成有力的互动。这种富于亲和力的表现形式在尼泊尔宗教建筑中极为少见。湿婆与帕尔瓦蒂神庙虽然建于沙阿王朝时期，但是其建筑形式与广场上的其他建筑仍然和谐。

⑥恰亚辛神庙（Chyasin Mandir）

建造年代：1648 年，马拉王朝的加德满都王国时期

建筑类型：尼瓦尔八角形多重檐式神庙

恰亚辛神庙位于贾甘纳神庙西边，与毗湿奴的化身克里希纳有关。克里希纳大神在尼泊尔深得民心，相传这座神庙内供奉的克里希纳神就是神庙修建者普拉塔普·马拉国王（Pratap Malla）自己的化身。这座神庙最大的特点是其平面为八角形。建筑共有三层，内墙和屋顶也是八角形，底层一圈外廊支撑。从整体看，这是一座三重檐的砖砌塔式建筑，由下至上层层收缩，与中国的楼阁建筑极为相

似。该神庙的造型在加德满都杜巴广场仅此一例，极其醒目。神庙外立有石碑，记录了国王普拉塔普·马拉的文治武功（图6-9）。

⑦贾甘纳神庙（Jagannath Mandir）

建造年代：1563年，马拉王朝的加德满都王国时期

建筑类型：尼瓦尔多重檐式神庙

贾甘纳神庙位于杜巴广场中央偏北，由马拉国王马亨德拉·马拉下令建造，是广场上最为古老的神庙，主要供奉印度教宇宙之神贾甘纳。贾甘纳神庙是典型的尼瓦尔式宗教建筑，平面为正方形，基座以及墙体均由红砖砌筑。它有三层基座和双层黑瓦屋顶。贾甘纳神庙每个立面上均有三扇

图6-9　恰亚辛神庙

木质门，在门框内以雕刻神像和花纹为主。这座神庙最大的特色在于其屋檐下的每一根斜撑上不仅雕刻有四头八臂的女神，在她们下面还雕刻有男女性爱的场景。因为几乎所有印度教信徒都坚信，创造生命的原动力来自于湿婆和性力女神的结合，这也暗含了国家借助宗教鼓励民众繁衍的意图。雕凿在斜撑表面生动的交欢场景是一种宗教和生殖结合的形式，代表了尼泊尔人对于生命的态度。不过这些雕刻显然不是马拉王朝普拉塔普时代的作品，已经无法和更早的李察维时期的雕刻技艺相比了（6-10）。

⑧因陀罗神庙（Indrapur Mandir）

建筑年代：大约17世纪，马拉王朝的加德满都王国时期

建筑类型：尼瓦尔多重檐式神庙

因陀罗神庙供奉的神灵时至今日已无从考证，但是它的建筑风格令人惊奇。这座小型神庙为重檐建筑，平面为正方形，并利用大深度出挑的底层屋檐突显建筑墙体的纤细，建筑本身并不进行过多的细部装饰和雕刻。这个类似于塔或亭子的小型神庙建筑有可能受到东亚特别是中国塔式建筑的影响（图6-11）。

图 6-10　贾甘纳神庙

⑨卡凯希瓦神庙（Kakeshwar Mandir）

建造年代：1711 年，马拉王朝的加德满都王国时期，1934 年地震后重建

建筑类型：尼瓦尔与锡克哈拉的混合风格

卡凯希瓦神庙位于杜巴广场北部，是一座外观极为奇特的混合风格式的神庙建筑。该神庙在1934 年的大地震中损毁，复建以后神庙下部仍然保持原有的尼瓦尔风格，而上部则直接修建为印度的锡克哈拉样式，即当时沙阿王朝时期偏爱的建筑风格。此建筑看上

图 6-11　因陀罗神庙

去虽然有些不伦不类，但是却体现了尼泊尔文化对于外来文化兼容并蓄的态度。卡凯希瓦神庙也是加德满都杜巴广场上为数不多的带有印度风格的神庙建筑之一（图6-12）。

图6-12　卡凯希瓦神庙

（2）王宫中的神庙建筑

哈努曼多卡宫（Hanuman Dhoka Palace）主要建于马亨德拉·马拉国王时期，宫殿建筑群由多个尼瓦尔式庭院组成。近代的沙阿王朝时期，宫殿的东南部兴建了西洋风格的新皇宫（Gaddibhaitak）。尼泊尔历代君王不惜重金建造它们，以彰显自己对于宗教信仰的虔诚和狂热，同时通过这些布满雕刻且无比华丽的建筑向国民和过路的商旅以及朝圣者展现王国的强大。在尼泊尔的宫殿建筑组群中，也有神庙建筑存在，君主及家族成员们都需要向神灵参拜和祈祷，只不过这些神庙极具私密性，外人根本无法进入。哈努曼卡宫中的神庙大多都与宫殿建筑相结合，是宫殿建筑的一部分，并且主要修建于马拉王朝早期。

⑩塔莱珠神庙（Taleju Temple）

建造年代：1564年，马拉王朝的加德满都王国时期

建筑类型：尼瓦尔多檐式神庙

塔莱珠神庙位于杜巴广场东北角的皇宫特里苏尔庭院（Trishul Chowk）内。神庙建于1564年马拉王朝分裂后的加德满都王国时期，里面供奉的是塔莱珠巴瓦妮女神（Bhawani）（图6-13）。塔莱珠神庙被看做王室正统地位的象征。公元15世纪末，马拉王朝分裂后，帕坦和巴德岗的王国

图6-13　塔莱珠神庙

纷纷修建了自己的塔莱珠神庙以示地位的正宗。加德满都的塔莱珠神庙平面为矩形，高达 37 米，三重檐，各层墙体为砖砌，4 个立面上的门为典型的尼瓦尔式，门框上布满雕刻。这座神庙是杜巴广场上最高、占地面积最大的古代宗教建筑。它坐落在 12 层的红砖基座上。其周围的 4 个角上各有 1 座小神庙，而下一层基座上还分布着 12 座小庙，它们围绕着中间 5 座神庙而布置。就整体而言，其布局方式与印度的十化身寺[1]极为相似，笔者推测，塔莱珠神庙的布局受到了曼陀罗图形的影响。而从尼泊尔调查的大量印度教神庙建筑来看，4 座小神庙位于主神庙 4 角的布局形式在尼泊尔并不常见，特别是以尼瓦尔风格出现更是绝无仅有。

　　这座高大的神庙在此后几经扩建和修缮，特别是在普拉塔普·马拉时期，神庙的门和门头板以及斜撑都采用了镀金的方法予以装饰，从而展现出神庙的高贵与华丽。该神庙毋庸置疑地成为马拉时代宗教建筑的典范。

　　⑪ 德古塔莱珠神庙（Degutaleju Temple）

　　建造年代：大约建于 16 世纪末，马拉王朝的加德满都王国时期

　　建筑类型：尼瓦尔楼阁式神庙

　　德古塔莱珠神庙位于宫殿建筑群的玛撒庭院（Masan Chowk）北边，与宫殿建筑融为一体。神庙为四重檐式建筑，高 29 米，是杜巴广场上第二高的建筑，该建筑于 1670 年重建，并增加了镀金的屋顶和宝顶。神庙屋檐下有雕刻精美的斜撑，屋檐四角下有风铃。最下层的屋檐可见修复的痕迹。这里供奉着印度教的云雨之神因陀罗。每年的 4 月到 5 月期间，人们可以通过祭司向神明祈祷。德古塔莱珠神庙有些像努瓦阔特（Nuwakot）的宗堡建筑（图 6-14）。

图 6-14　德古塔莱珠神庙

1　沈亚军. 印度教神庙建筑研究[D]. 南京：南京工业大学，2013.

图 6-15　巴格瓦蒂神庙

⑫ 巴格瓦蒂神庙（Bhagawati Temple）

建造年代：1722 年，马拉王朝的加德满都王国时期

建筑类型：尼瓦尔楼阁式神庙

该神庙位于宫殿建筑群的玛撒庭院（Masan Chowk）西南端，与宫殿建筑相结合。由于建筑高度相对于宫殿并不突出，因而建筑体量不是很明显。巴格瓦蒂神庙为五层。第四和第五层是四坡镀金顶，且为塔式风格。一至三层与旁边的宫殿体量相当，建筑立面的样式也相似，只是在第三层有一排镂空木质的外飘窗。笔者推测，该神庙可能是在宫殿的基础上加建的，扩建时间推测为沙阿王朝初期。神庙中原本安放的是毗湿奴神像，后来进入加德满都的廓尔喀人在这里加入了难近母（Durga）的雕像，据说这尊神像是从努瓦阔特搬过来的（图 6-15）。

3. 帕斯帕提纳寺

（1）寺庙概况

帕斯帕提纳寺（Pashupatinath Temple）又名兽主寺，俗称为"烧尸庙"。它是一座以供奉湿婆为主的寺院。帕斯帕提纳寺是尼泊尔印度教最为重要和神圣的地方，每天都会接待数以千计的朝圣者，甚至连远在印度的信徒也会不远万里前来进行朝拜。帕斯帕提纳寺位于加德满都东北 5 公里处，整座寺庙其实就是一个

神庙建筑群。帕斯帕提纳寺被巴
格马蒂河（Baghmati River）一分
为二，沿河两岸神庙林立。据说
从公元 5 世纪的李察维时代，这
里就已经是印度教神庙的一处集
结地了。此后十几个世纪中，这
座寺庙几经战火破坏又几经修复
或扩建，最终形成今天庙宇林立
的庞大规模（图 6-16）。

帕斯帕提意为"兽主"，
即动物之神，它是印度教三大主
神之一湿婆的一个化身。在李察
维时代，帕斯帕提就是尼泊尔谷
地的守护神。谷地中有许多神庙
都是供奉帕斯帕提的，比如巴德
岗杜巴广场上的帕斯帕提纳神庙
（Pushupationath Mandir）。尼泊
尔历代国王对于湿婆的这一化身
十分重视和信赖，据说国王在出
行前都会前往该寺进行祈祷以保
佑平安。这座宗教圣地被尼泊尔
人看得极为神圣，低种姓者和非
印度教教徒是不被允许进入的。

（2）巴格马蒂河及其火葬场

说到帕斯帕提纳寺，就必须
先说著名的巴格马蒂河以及火葬
习俗。这条河被称为尼泊尔的"圣
河"，因为它是加德满都谷地最
重要的河流，并最终汇入印度的
恒河，被视为两国印度教教徒彼

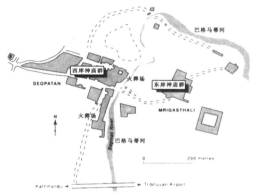

图 6-16a　帕斯帕提纳神庙群及平面图

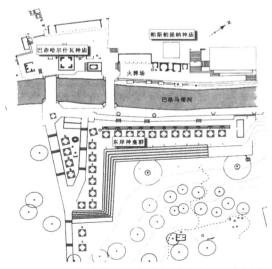

图 6-16b　巴格马蒂河沿岸的主要神庙区（包括火
葬场）

此联系的纽带。河岸边的帕斯帕提纳寺，如同印度恒河边的瓦拉纳西[1]（Varanas）神庙群一样无比神圣。按照尼泊尔印度教徒的习俗，人死后应在"圣河"旁进行火葬，然后将骨灰撒入河中，象征着灵魂得到升华。帕斯帕提纳寺因为具备这一职能而得名"烧尸庙"。笔者在此调研时曾观看到火葬仪式，感受到了生离死别所带来的震撼以及生命的意义。仪式的过程是先将死者遗体进行包裹，然后放在河边的石台上火化，之后在家属的注视下将亲人的骨灰撒入河中，火葬仪式结束。2001年，尼泊尔震惊世界的"王室惨案"发生后，10名王室成员的葬礼也在这里举行。

（3）帕斯帕提纳神庙

帕斯帕提纳神庙（图6-17）是该寺的主庙，始建于1696年，并几经翻修。它位于巴格马蒂河东岸一个高处的庭院中，在这里可以俯瞰巴格马蒂河以及火葬仪式。这座神庙为尼泊尔塔式风格，高23米，重檐金顶，宝顶如钟状，四座小顶环绕着一座大顶。神庙立面没有木质材料，

图6-17　帕斯帕提神庙（主庙）

而是以纯银为材料铺筑墙体。三扇庙门以及门头板均为银质，并且布满雕刻。雕刻的内容主要是湿婆及其配偶帕尔瓦蒂，还有印度教史诗《摩罗衍那》中的故事场景。整座神庙外观高贵华丽，以此象征印度教以及湿婆等诸神在尼泊尔人心中至高无上的地位。

神庙内部与传统的尼瓦尔塔式神庙无差异。神殿中间的空间供奉着一尊1米高，五个面相的湿婆林伽像，除了顶上为其主像外，其余四个像寓意为"无谓""大梵""新生"以及"月神"。普通的尼泊尔人不许靠近这尊雕像。

（4）其他神庙

---

1 瓦拉纳西，位于印度北方邦东南部恒河畔，是印度教圣地，相传为湿婆所建，至今建有各式庙宇1500多座。

①巴赤哈尔什瓦小神庙（Batsaleswori Mandir）

围绕着主庙帕斯帕提纳神庙，还有许多不同时期的庙宇。其中位于巴格马蒂河小石桥边的巴赤哈尔什瓦神庙修建于公元6世纪。这座古老的尼瓦尔塔式神庙如今已被重新粉刷，屋檐下画着人体骨骼和佛教密宗的彩画，几乎看不出有任何古老的样子。这座神庙在历史上有着极为血腥的祭祀历史，据说每逢湿婆节都会用活人进行祭祀。

②东岸神龛建筑群

在帕斯帕提纳神庙的对岸，有一层一层沿河修筑的台基。台基最顶层是11座印度锡克哈拉风格的小神龛，造型相同，并且都为白色尖顶以及石质庙身，庙身上四个立面都有门可以进入，里面主要供奉湿婆或是它的坐骑公牛南迪。这些神龛和帕斯帕提纳寺内的许多建筑类似，是不同时期贵族修建起来的供养型神龛，以表达对于湿婆的敬重（图6-18）。

4. 斯瓦扬布纳寺

（1）寺庙概况

斯瓦扬布纳寺（Swayambhunath Temple）位于加德满都西部郊外的一座小山上，在山脚下即可看到其寺庙的标志性建筑斯瓦扬布纳窣堵坡。这座寺庙的形成年代已无法考证，人们只知道最为古老的斯瓦扬布纳窣堵坡建于公元5世纪初。这座

图6-18　巴格马蒂河东岸的神龛群

寺庙从那时起一直到现在已有1 000多年的历史了，是尼泊尔佛教最为神圣和最著名的寺院，主要供奉释迦牟尼佛。寺院在历史上也多次受到战争的破坏，其中最为严重的是14世纪印度穆斯林军队入侵尼泊尔带来的。据说当时信奉伊斯兰教的士兵捣毁了佛塔和佛像，并将寺院的钱财洗劫一空。后来，当时的马拉国王向寺院捐资并由西藏喇嘛指导重新修复了寺院。

如今的斯瓦扬布纳寺除了拥有数目众多的尼泊尔佛塔和佛像外，还新建了不少藏传佛教的寺庙，喇嘛们十分虔诚地守护着这座巨大的窣堵坡——斯瓦扬布纳。

（2）空间布局

斯瓦扬布纳寺的核心建筑是雄伟的斯瓦扬布纳窣堵坡，周围的其他寺庙都是围绕着它先后修建的。这座寺院在建筑布局上并没有完全以窣堵坡为中心，而是成"L"形样式，窣堵坡在寺院南部，它的周围环绕着一圈宗教建筑。其中包括：五座代表着天、地、水、火、风的"护法型"佛塔以及哈里蒂女神庙（Hariti Temple）、两座藏传佛教寺院和成片的支提小佛塔。使人印象最为深刻的则是窣堵坡东面下山台阶处的巨型金刚杵[1]。寺院北部是一些僧房、禅房和佛像，由于南部的窣堵坡过于显眼，常常聚集大批朝圣者，北部略显清净（图6-19、图6-20）。

（3）斯瓦扬布纳特窣堵坡

斯瓦扬布纳特窣堵坡有一个美丽传说。据说早在上古时代，原始七佛中的毗婆尸佛曾在此地种下莲花，并预言此地以后必成佛教圣地并以佛法照耀谷地，斯瓦扬布纳特窣堵坡就建在这个"莲花盛开"之处。斯瓦扬布的意思是"自体放光"，谷地的居民也相信它可以带来吉祥。据说佛教高僧莲花生

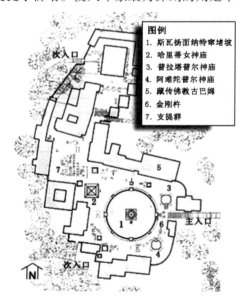

图例
1. 斯瓦扬面纳特窣堵坡
2. 哈里蒂女神庙
3. 普拉塔普尔神庙
4. 阿难陀普尔神庙
5. 藏传佛教古巴姆
6. 金刚杵
7. 支提群

图6-19　斯瓦扬布纳特寺平面图

---

1 金刚杵，一种武器，也属于佛教的法器，象征无坚不摧的智慧和佛性，也可以摧毁形形色色的恶魔。

图 6-20a 斯瓦扬布纳特窣堵坡

图 6-20b "护法型"佛塔

图 6-20c 哈里蒂女神庙

图 6-20d 支提群

（Padmasambhava）和阿底峡（Atisa）都曾膜拜过这座宏伟的窣堵坡。

斯瓦扬布纳窣堵坡分为塔基、塔身（覆钵体）和塔刹三部分。塔基象征土，塔身象征水，塔刹中的十三天和华盖分别象征火和风，而最上面的尖顶像征天，同时也是密教强大法力的象征。

斯瓦扬布纳窣堵坡的覆钵体直径为 20 米，高约 10 米。它已经不再是最初的体量，在长达 1 000 多年的历史中，尼泊尔人无数次修缮它，其外表被粉刷过一道道的白色涂料，并在覆钵体顶部装饰了一圈橘黄色图案。覆钵体下部的东西南北四个主要方向上分别建造有五座神龛，这些神龛"镶嵌"在覆钵体上，通体镀金，里面分别供奉着四位佛陀和他们各自的配偶，而窣堵坡整体也相当于一位佛陀。这种布局形式是因为尼泊尔佛教徒信奉密宗及其五方佛体系，尼泊尔密宗将窣堵坡看做一个整体的佛陀形象，即毗卢佛（大日如来），四面又分别添加阿閦佛（不动如来）、无量光佛（阿弥陀佛）、宝生佛（宝生如来）以及不空成就佛（不空成就如来），这样就将窣堵坡塑造成现实版的立体五方佛体系，而且新的布局样式看起来一点也不突兀。塔刹部分最为重要的是宝匣，它是一个砖砌的正方体，四面均画有佛眼，尼泊尔人认为这是佛在注视着他们，并时刻提醒他们要行善。宝匣上部是相轮，以及装饰精美的华盖，最上部则是塔尖。塔刹部分通体镀金，使得这座窣堵坡看起来金光闪闪，格外辉煌。

5．博得纳窣堵坡

（1）历史概况

博得纳窣堵坡（Boudhanth Stupa）位于加德满都城东北部，是尼泊尔境内现存最大的佛塔，也是藏传佛教、藏族移民在尼泊尔最重要的家和朝圣之地。它可能建于公元 5 世纪，而它的修建也离不开传说。相传，在这座佛塔修建之初尼泊尔正值干旱期，建塔的工匠急中生智采集早晨的露珠作为水来和泥，因此博得纳窣堵坡又称为"露珠塔"。据说修建这座佛塔的目的是用来安放释迦牟尼的弟子摩诃迦叶（Mahakassapa）的舍利[1]。而西藏的佛教徒大约是在 13 世纪时了解到尼泊尔有这样一座大型窣堵坡的存在，但是当他们在 16 世纪准备在其周围修建寺院时，佛塔早已破败，因此西藏宁玛派喇嘛又对其进行了修缮，使其重现了往日的辉煌（图 6-21）。

---

1 周晶，李天．加德满都的孔雀窗——尼泊尔传统建筑 [M]．北京：光明日报出版社，2011．

图 6-21　雄伟的博得纳窣堵坡

（2）建筑特征

博得纳窣堵坡周长 100 米，塔高 38 米。其组成部分主要是：塔基、塔身（覆钵体）和塔刹。

塔基部分是该窣堵坡的主要特色之一。它的底部由 3 层叠加的石砌塔基组成，每一层都是 12 折角的正方形平面，4 个方向上各有一组台阶可由下至上直通窣堵坡顶。这种布局形式也根据著名的曼陀罗坛城设计而成。在第一层台基上还有 6 座小佛塔，其中 4 座呈对角布置，可能与五方佛体系有关（图 6-22）。此外，塔基外还有一圈环墙围绕，环墙外壁有 147 个凹进去的壁龛，内置转经筒，其里侧还有 108 尊打坐的佛像。

塔身上部被刷成白色，显得极为圣洁，覆钵体周身没有神龛，只在底部有一圈小神龛。

塔刹部分和斯瓦扬布纳窣堵坡一样由宝匣、相轮、华盖和塔尖组成。博得

图 6-22　博得纳窣堵坡平面

纳窣堵坡的宝匣也是正方体，并在 4 个立面绘制了佛眼。但是它的相轮与斯瓦扬布纳窣堵坡的不同，不是环形的，而是像金字塔一般用砖堆砌上去。华盖和塔尖和斯瓦扬布纳窣堵坡的相同。

（3）佛塔周边

博得纳窣堵坡的周边紧密围绕着一圈民居和寺庙。这里在历史上曾经是一个村落，它以这座窣堵坡为核心陆续发展起来。由于其所在的位置靠近前往中国西藏的交通要道，所以不少商旅在途径这里时都会前来膜拜，以祈求佛祖保佑，使自己可以一路平安。

图 6-23　博得纳窣堵坡的周边环境

16 世纪以后，这座佛塔的周围陆续兴建起一批藏传佛教寺庙，其中包括宁玛派、噶举派、萨迦派、格鲁派的寺庙，比较著名的有萨姆登林寺、昆卢寺等。因此，这里也逐渐成为西藏人在尼泊尔的主要聚集区（图 6-23）。

6. 吉尔提普尔神庙建筑群

（1）城镇概况

吉尔提普尔（Kirtipur）是一个位于加德满都城西南 5 公里处的小镇，主要居民是尼瓦尔人。这座城镇至今仍然有许多古老的民居和寺庙，但是由于临近的加德满都、帕坦两座古城早已名扬四海，所以到尼泊尔的外国游客很少会注意到这个小镇，但是吉尔提普尔有着它独特的历史和魅力。

吉尔提普尔作为一个聚落最早出现于李察维时代。到了公元 15 世纪，随着马拉王朝的分裂，吉尔提普尔成为帕坦王国的一部分，随后其自身力量壮大，最终选择脱离帕坦王国的控制自立为王。此后直到 1768 年，在尼泊尔西部的廓尔喀人打进尼泊尔谷地前吉尔提普尔都没有被攻占过。急于包围加德满都城的廓尔喀军队在与吉尔提普尔人的遭遇战中伤亡惨重，以至于盛怒之下的廓尔喀国王在其破城后下令割去吉尔提普尔城每一名男子的鼻子作为报复。此后，吉尔提普尔便被划归廓尔喀帝国（沙阿王朝）的版图（图6-24）。

（2）拜拉弗寺

吉尔提普尔最有名的寺院便是供奉湿婆的拜拉弗寺。该寺最早建于公元11世纪，据说是当时的国王希瓦德瓦三世（Shivadeva III）下令修建的。拜拉弗寺平面为长方形，其中以老虎拜拉弗神庙（Bagh Bhairav Mandir）为核心建筑。这座神庙与尼泊尔谷地其他拜拉弗神庙一样，也是尼瓦尔多檐楼阁式的，据史料记载，其最初的建筑形式并非如此，尼泊尔史学家认为该庙的这种建筑样式是在16世纪时形成的。拜拉弗神庙又名"老虎"拜拉弗神庙，这是因为其神殿内有一座泥塑的老虎嘴雕像[1]。拜拉弗神庙平面为长方形，三层三屋檐式。第一层和第二层屋顶用瓦铺盖，最顶层屋顶为金属铺盖。在顶层和中间层的屋檐下各有一圈突出的尼瓦尔式木质排窗，窗下有多根木条支撑，木条上也和斜撑一样雕刻有神灵（图6-25）。

图 6-24 吉尔提普尔的风光

---

1 Michael Hutt. Nepal-A Guide to the Art & Architecture of the Kathmandu Valley [M]. New Delhi: ADROIT,1994.

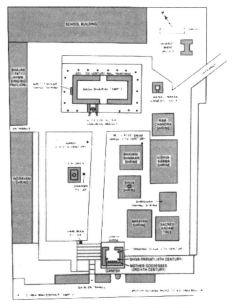

BAGH BHAIRAV TEMPLE COMPOUND

图 6-25a　拜拉弗寺平面图　　　　图 6-25b　老虎拜拉弗神庙（上、下）

　　最值得一提的是这座神庙高高在上的屋顶上除了十个一字排开的插满兵器的宝顶外，位于中间的位置上还有一个突出的小神龛，这是与其他多檐楼阁式神庙的不同之处，十个宝顶上所插的兵器据说是吉尔提普尔人在战斗中的战利品。

　　拜拉弗神庙的一层有一圈外廊，内侧的墙壁上有一圈 17 世纪的彩绘，十分珍贵。

　　此外，整个寺院内还有十余座大小不一的神庙，分别供奉着湿婆的其他化身以及象鼻神甘泥沙、神猴哈努曼等神灵。

7．其他宗教建筑

　　（1）加德辛布窣堵坡（Kathesimbhu Stupa）

　　加德辛布窣堵坡建于 1650 年的马拉王朝加德满都王国时期，位于加德满都市的泰米尔区（Thamel）。这座佛塔虽然藏身于市井街巷之中，却依然能使观者感到它的雄伟和壮丽，它几乎就是著名的斯瓦扬布纳窣堵坡的"浓缩版"。

　　该窣堵坡现身处一个院落中，在窣堵坡周围还环绕着许多小神龛和佛教雕刻，其中，有一座供奉天花女神的塔。这里从不缺少信徒和游人，丝毫没有落寞之感。

加德辛布窣堵坡旁还兴建了一座装饰华丽的藏传佛教寺庙，它们也为佛塔，挂上了象征祈福之意的经幡（图 6-26）。

（2）查巴希的达玛德瓦窣堵坡（Dharmadeva Stupa）

达玛德瓦窣堵坡位于加德满都古老而落寞的查巴希寺院（Cha Bahil）内，大约建于 5 世纪，与查巴希寺院相传的建于阿育王时代的时间相去甚远，也许这就是传说和史实的差距（图 6-27）。

达玛德瓦窣堵坡是李察维时期的遗物，在历史上也经历了多次修缮。如今在外形上与加德满都谷地的其他窣堵坡很相似，只是塔刹的比例略有不同，应该都是在马拉王朝后期形成的。在这座窣堵坡周围同样有许多小支提，其中有几座是李察维时期的遗物，价值连城。

达玛德瓦窣堵坡离博得纳窣堵坡（Boudhanth Stupa）很近，但是却十分冷清，驻足于此也很难想象其当年的辉煌。

（3）白麦群卓拿寺（Seto Machhendranath Temple）

麦群卓拿是佛教中菩萨的化身之一，被认为是加德满都谷地的守护神之一。白麦群卓拿寺位于加德满都市内的阿山街附近，是一座号称有 600 多年历史的佛教寺庙，但印度教徒也会来此膜拜。

图 6-26　加德辛布窣堵坡　　　　图 6-27　达玛德瓦窣堵坡

该寺的大门开在一堵白色欧式风格的高墙上，与闹市相通，门口还矗立着一根黑色石柱，上面雕刻着莲花，石柱顶部安放一尊佛陀坐像，使人一看就知道里面是佛教寺庙。

寺庙内部并不是规整的寺院，而是一个有

图 6-28　白麦群卓拿寺

些零乱的大杂院。院子里许多小支提和一座放有佛像的由石柱围绕着的"金碧辉煌"的庙宇。这座庙宇很高，为重檐式，它的全身用黄铜包裹着，好似一个金甲武士。寺庙的细部装饰也很华丽，墙壁上雕着佛陀或菩萨成佛升天的雕像，屋檐下斜撑上有密教女神和金刚的雕像。寺庙的殿堂里供奉着一尊白脸的菩萨像，香火颇旺（图 6-28）。

（4）考末查寺（Kalmochan Temple）

考末查寺建于 1870 年，是沙阿王朝拉纳执政时期的产物。这座年代并不算久远的印度教庙宇在加德满都并不算著名，但是它却是拉纳时代尼泊尔宗教建筑风格发生变化的代表作。

考末查寺的整体建筑风格与传统的尼瓦尔式建筑截然不同，寺内的几座神庙都是模仿印度莫卧儿伊斯兰风格修建的，它们有着极为抢眼的伊斯兰式穹顶，建筑色调也为白色。不过神庙的建筑平面还是正方形的，与传统的宗教建筑一样按照曼陀罗图形设计。考末查寺的主庙供奉的是湿婆林伽像，这是拉纳时代宗教信仰的主要膜拜对象，象征着生殖崇拜（图 6-29）。

图 6-29　考末查寺

第三节 帕坦的宗教建筑

1. 城市概况

帕坦 (Patan)，原名拉利特普尔 (Lalitpur)，是尼泊尔加德满都谷地第二大城市，被誉为"艺术之城"，与加德满都仅隔一条巴格马蒂河。帕坦是一座有着千年历史的古城，城市形成于基拉底时代，早期是一座以佛教为信仰的城市。据说早年印度孔雀王朝的阿育王（Ashoka）曾到过这里。公元 12 世纪以后，马拉王朝建立，统治者对于印度教的热衷，使得神庙建筑大量出现在帕坦城。1482 年，强盛的马拉王朝分裂为加德满都和巴德岗两

图 6-30 古代帕坦城

个王国，其他城邦也相继独立，尼泊尔的和平时期结束了。临近的帕坦则由一群贵族统治着，直到 1597 年，加德满都王国发兵征服了帕坦。国王希瓦·辛哈·马拉（Shiva Singh Malla）将其子任命为帕坦行政长官，权力中心就在杜巴广场上的宫殿位置。然而，不久以后，帕坦就宣布再次独立，并成立了帕坦王国（1597—1768）。帕坦王国最鼎盛的时期是斯里·尼瓦斯·马拉（Shri Nivas Malla）以及他的儿子约贾·纳伦德拉（Yog Narendra）的统治时期。这一阶段，帕坦国力到达顶峰，王国控制的疆域延伸至谷地以南和吉尔提普尔以西[1]。1768 年，帕坦被廓尔喀军队攻占，随即并入廓尔喀人建立的尼泊尔廓尔喀帝国（即沙阿王朝）。

如今的帕坦城，宗教建筑仍是以佛教建筑为主。除了印度教的昆贝须瓦尔寺（Kumbheshvar Temple）建于市井之中外，更多的印度教神庙建筑都集中在帕坦杜巴广场上。笔者在帕坦调研期间，发现建在路边的庙宇和神龛主要以佛教为主，印度教的神庙较为罕见，这可能也是佛城帕坦在尼泊尔的与众不同之处（图 6-30）。

1 Michael Hutt. Nepal-A Guide to the Art & Architecture of the Kathmandu Valley [M]. New Delhi: ADROIT, 1994.

2．杜巴广场的神庙建筑群

帕坦的杜巴广场（Patan Durbar Square）位于城市中心，是整座城市公共活动的主要场所，帕坦的主要街道都以这座杜巴广场为中心向四周扩散，这足以说明它自古以来在城市中所占据的重要地位。帕坦杜巴广场出现于马拉王朝时期，特别是17世纪，帕坦独立成王国后，这座皇宫前的广场得到了更有效的利用。许多神庙在此后被建造，尤其是样式与风格都与传统的尼瓦尔建筑迥异的印度锡克哈拉式神庙（Sikhara）更是格外显眼，引人关注。帕坦匠人的建造技艺在当时的尼泊尔谷地可谓首屈一指，尼泊尔谷地数不清的宗教建筑和雕刻均由他们塑造，杜巴广场上的建筑群也不例外。

帕坦杜巴广场和加德满都的杜巴广场一样，是由神庙区和宫殿区两部分组成的。宫殿区主要是帕坦成为独立王国时修建的王宫宫殿建筑群；广场上的神庙建筑主要是马拉王朝时期特别是帕坦宣布独立以后所修建的。其规模小于加德满都杜巴广场。广场上的神庙建筑全部集中在宫殿外的西边，那里共有11座神庙，几乎都是印度教的神庙，东边的宫殿中有2座比较主要的神庙（图6-31）。

（1）西侧神庙建筑部分

①比姆森神庙（Bhimsen Mandir）

建造年代：1681年，马拉王朝的帕坦王国时期

建筑类型：尼瓦尔楼阁式神庙

该神庙位于杜巴广场最北端入口处，主要供奉尼泊尔贸易之神比姆森（Bhimsen）。比姆森的传说最早流传于西藏往来尼泊尔的贸易路线中，尼泊尔人相信比姆森是保佑他们获得财富的神灵，因此从事商业活动的人格外敬重他。比姆森神庙建筑为三层三重檐，没有配备高大的基座，建筑平面为长方形，内部空间由墙一分为二。神庙墙体用红砖砌筑，建筑体量层层递减，并且从最顶上的屋檐垂下一条金属飘带，其含义与西藏的经幡如出一辙，都

图6-31 帕坦杜巴广场平面图

是祈祷之意。此外每一层的屋檐下都有斜撑，上面雕刻有难近母、湿婆以及象鼻神甘尼沙等神灵雕像。在东立面的主要入口处上方有一个挑出的镀金阳台，可供内部的祭司向外眺望。神庙主入口两侧各有一只石狮子，庙门前方有一个轮廓规整的浅坑，是祭祀活动时用来进行血祭之处，祭祀比姆森神的场面较为血腥（图6-32）。

②比湿瓦纳神庙（Vishwanath Mandir）

建造年代：1627年，马拉王朝的帕坦王国时期

建筑类型：尼瓦尔多重檐式神庙

该神庙位于比姆森神庙南侧，是一座供奉湿婆的神庙。比湿瓦纳神庙由两层塔式建筑和两层基座组成。建筑的主入口朝东，入口前的台阶两旁各有一对石像，两只石质大象的背上各有一个骑手，很生动。神庙建筑的外观和体量虽然与其他尼瓦尔神庙类似，但仔细观察可以看到其细部构造极为独特。神庙一层有一圈柱廊环绕，柱子上是一圈圈动感十足的圆环，每两根柱子上部的拱券都挂有一个刻满神灵的门头板。门头板的样式与常见的半圆形不同，是新月形的，这一形式在尼泊尔并不多见。两个屋檐下都布满斜撑，上面雕刻有印度教湿婆的形象。屋顶上铺瓦，没有镀金或铺青铜。最上面有一个镀金宝顶。神庙墙体为红砖砌筑，门窗都是尼瓦尔风格，但是没有排窗，彼此之间都是分开设置的（图6-33）。

图6-32　比姆森神庙

图6-33　比湿瓦纳神庙

③克里希纳神庙（Krishna Mandir）

建造年代：1637年，马拉王朝的帕坦王国时期

建筑风格：锡克哈拉式神庙

克里希纳神庙位于杜巴广场北部，主要供奉毗湿奴第八个化身克里希纳。该神庙平面为正方形，通体用石材砌筑。相传当时的国王辛迪·纳拉辛哈·马拉(Siddhi Narasingh Malla)由于梦见大神克里希纳降临在他的宫殿前，于是特意下令建造此庙作为纪念，建造它的时间长达六年半 [1]。它的造型与色调和广场上其他红砖黑木修建的尼瓦尔传统神庙截然不同，以至于每一位参观者都会对它留下深刻的印象。

该神庙建在两层石砌基座上，建筑主体呈锥形，共有三层。第一层外有一圈印度风格的石廊，上面刻有关于史诗《摩诃婆罗多》中的故事。内部每一面都有四个假门和一个真门组成。二层的神殿外摆放着一圈莫卧儿风格的石制小亭子，每一个都是镀金宝顶。三层的一组小亭子则环绕着已经高高升起的锥形体，锥体四个面底部都"镶嵌"着一个库塔（Kuta）神龛，神庙的宝顶也是镀金的。神庙的主入口朝东，像克里希纳大神降临皇宫时一样，面朝宫殿。入口有两组石兽，并且在神庙正前方立有一石柱，上面是金翅鸟迦楼罗的金属跪像。整个神庙显得极其精美，笔者认为它丝毫不亚于任何一座印度本土的锡克哈拉式神庙（图6-34）。

④查尔·纳拉扬神庙（Char Narayang Mandir）

建造年代：1556年，帕坦贵族统治时期

建筑类型：尼瓦尔多重檐式神庙

该神庙可能是帕坦杜巴广场上最古老的神庙建筑，位于杜巴广场中部，并供奉着毗湿奴的化身纳拉扬。这是一座红砖砌筑的两层建筑，屋顶为重檐式，每一层

图6-34 克里希纳神庙

1 Michael Hutt. Nepal-A Guide to the Art & Architecture of the Kathmandu Valley [M]. New Delhi: ADROIT,1994.

的屋檐下都安装有斜撑。建筑的平面为矩形，主入口朝东，神庙的大门占据了一层几乎整个墙面。这座建筑的装饰比较简单，没有 17 世纪帕坦王国时期对于神庙建筑那样过于繁杂的雕刻装饰。查尔·纳拉扬神庙可以作为尼泊尔印度教神庙建筑在马拉王朝早期的建筑代表性实例（图 6-35）。

⑤纳拉森哈神庙（Narasimha Mandir）

建造年代：1589 年，帕坦贵族统治时期

建筑类型：锡克哈拉式神庙

该神庙位于杜巴广场中央，修建它的原因是为了纪念当时统治者逝去的兄长。它选择了印度锡克哈拉样式作为建筑的式样，但这座建筑并没有用该类型神庙惯用的石材为材料，而是使用了红砖从下到上进行砌筑，整体样貌可谓与石质锡克哈拉式神庙不分伯仲。纳拉森哈神庙的宝顶采用了石材雕琢而成，尖部没有镀金，安装了一个青铜铁艺构件。神庙核心锥体的四面下部分别建有一个门廊，每一个门廊上都顶着一个库塔神龛，除了朝东的主入口是真门以外，其余三个方向的门都是假门。该神庙的装饰主要使用砖雕刻，与建筑本身浑然一体，毫无突兀之感。神庙可能是尼泊尔工匠最初仿造印度锡克哈拉式神庙的作品，砖与石相结合的建

图 6-35　查尔·纳拉扬神庙

筑对于研究尼泊尔印度风格的神庙很有帮助（图 6-36）。

⑥哈里桑卡神庙（Hair Shankar Mandir）

建造年代：1706 年，马拉王朝的帕坦王国时期

建筑类型：尼瓦尔多重檐式神庙

哈里桑卡神庙位于杜巴广场中部，同时供奉湿婆和毗湿奴。该神庙由三层基座和一个三重檐的尼瓦尔塔式建筑组成。神庙的平面为正方形，三层中各层建筑的体量逐层收缩，建筑比例十分协调，显得高大而壮丽。神庙的一层有一圈柱廊，精雕细刻，并安装有一个个新月形门头板，这种装饰风格可能是 17 世纪末出现的。该神庙装饰简洁而大方，除屋顶宝顶镀金以外，没有其他部分用金属制品加工的装饰。神庙的主入口朝东，台阶最下层有一对拜倒在地的石制大象，由此可以看出，神庙所供奉的神灵极为尊贵（图 6-37）。

⑦八角形克里希纳神庙（Krishna Mandir）

建造年代：1723 年，马拉王朝的帕坦王国时期

建筑类型：锡克哈拉式神庙

该神庙是加德满都谷地唯一一座八角形的锡克哈拉式神庙，位于杜巴广场北部入口处。其建造者是国王约贾·纳伦德拉（Yog Narendra）的女儿，修建的目

图 6-36　纳拉森哈神庙

图 6-37　哈里桑卡神庙

的是为了纪念她死去的儿子。该神庙通体为石材建造，平面为八角形。一层是一圈柱廊，二层建筑体量内收，多余出来的一圈建有8个莫卧儿圆顶式小亭子，环绕着中间颇为粗大敦实的锥形体。第三层的建筑体量继续内收，仍有8个小亭子环绕着高高的锥形体。锥形体顶部是雕刻精致的宝顶。该建筑的结构与广场北部的石质克里希纳神庙相似，但是细部装饰却极为简单，护栏、柱廊等位置上只有简单的装饰图案，可能因为这是一座纪念性建筑（图6-38）。

图6-38 八角形克里希纳神庙

（2）东侧王宫内的神庙建筑

帕坦王宫的历史价值丝毫不逊于其西侧的神庙建筑群。在尼泊尔谷地的众多宫殿中，帕坦王宫是保持历史风貌最为完整的，它既不像加德满都王宫那样经历了过多改建而风格混杂，也不像巴德岗王国遭到过严重的战火洗礼而面积大减。帕坦的宫殿建于15世纪末，并在17世纪以后的帕坦王国时期得到扩建。帕坦王宫成南北向布置，由3个庭院和2个神庙组成，总体规模并不大。但是它和加德满都谷地其他两个宫殿群一样都拥有国王起居所在的穆尔庭院和塔莱珠神庙，这说明帕坦王宫虽小，却是一个机构完善的"权力中心"。

⑧德古塔莱珠神庙（Degutaleju Temple）

建造年代：1641年，马拉王朝的帕坦王国时期

建筑类型：尼瓦尔楼阁式神庙

帕坦的德古塔莱珠神庙建于帕坦王国的穆尔庭院（Mul Chowk）和克沙纳拉扬庭院（Keshar Narayan Chowk）中间，是帕坦杜巴广场上最高的古建筑，也是帕坦王宫中最大的神庙。这座神庙由红砖砌筑，虽然有七层，且三重檐式，但是与旁边的宫殿建筑浑然一体，丝毫没有突兀之感。这座建筑与加德满都杜巴广场的德古塔莱珠神庙外形极为相似，后者也是上部为三层大屋檐，顶上有镀金的宝顶，下层为一圈挑出的尼瓦尔排窗式阳台。建筑在西部面向广场一侧并没有真正意义上的主门，立面门窗上的雕刻也较为朴素。神庙内设有一间祈祷室专供国王

闭门祈祷之用。从外表看，尽管整个
建筑体量巨大，但却显得极为精致而
不粗糙。该建筑用来膜拜塔莱珠女
神。据说这里供奉的塔莱珠女神神像
是帕坦王国开国君主哈里辛哈·马拉
（Harisingh Malla）在初到帕坦时其
父加德满都国王希瓦·辛哈·马拉
（Shiva Singh Malla）特意赠送给他的，
此后历代帕坦国王都将这一神像视为
正统地位的象征，精心加以供奉（图
6-39）。

⑨穆尔庭院及塔莱珠神庙（Mul
Chowk & Taleju Temple）

建造年代：1671 年，马拉王朝
的帕坦王国时期

建筑类型：尼瓦尔庭院及多重檐
式神庙

图 6-39　德古塔莱珠神庙

穆尔庭院位于德古塔莱珠神庙南侧，始建于 1660 年，历经帕坦王国两代国
王才建成。这座穆尔庭院与加德满都以及巴德岗的穆尔庭院一样，都担负着国家
祭祀、新王加冕的重任。建筑风格采用传统的尼瓦尔式院落，庭院的大门左右各
有一只眼睛以及画于墙上的黑色拜拉弗神像，入口台阶下还有两只石狮子作为守
卫。庭院的平面为矩形，主要建筑物都是两层的，二层屋檐下有斜撑支撑，窗户
有排窗和单窗，布置于斜撑空隙之中。庭院中有一个镀金的毕迪亚印度教神龛
（Bidya Shrine），里面供奉着杜尔伽女神 [1]。庭院与神龛的布局形式与尼瓦尔民居
类似，可能是受到了民居建筑及相同宗教意向的影响。

塔莱珠神庙则建在帕坦王国穆尔庭院的东北角，是帕坦王国的国王斯里·尼
瓦斯·马拉（Shri Nivas Malla）下令修建的。内部用来供奉塔莱珠女神，这座神
庙的位置更具私密性，如果不进入穆尔庭院，几乎无法注意到它。这座神庙由红

---

1 Wolfgang Korn. The Traditional Architecture of the Kathmandu Valley [M]. Kathmandu: Ratna Pustak
Bhandar,1976

砖建造，下半部分为宗堡形式，并与穆尔庭院相连接，上半部分为三重檐的尼瓦尔塔，建筑平面和屋檐都是八边形的，檐下有斜撑，塔的最顶部有一个镀金的印度锡克哈拉神庙作为宝顶。这座神庙在体量上无法与高大庄严的德古塔莱珠神庙相比，但在总体上给人的感觉十分清秀，并且与穆尔庭院完美地结合在一起，使得穆尔庭院看起来不再像普通的尼瓦尔式庭院那么刻板（图6-40）。

图6-40a　穆尔庭院

3.黄金寺

黄金寺（Golden Temple）是帕坦最为著名的佛教寺院。黄金寺是民间对其的称呼，它的真实名称是克瓦·巴哈尔（Kwa Bahal），寓意为"金色而伟大的寺庙"。这座寺院的建筑看起来如同黄金铸造的一样"金光闪闪"，其建筑表面覆盖了黄铜，它却真实地反映了当时尼泊尔金属铸造工艺的水平。

图6-40b　塔莱珠神庙

（1）寺庙概况

相传黄金寺建于公元11世纪，最初是为了安放从加德满都转移过来的一尊镀金的释迦牟尼佛像而修建的。事情的起因是公元8世纪时印度教领袖商羯罗在印度北部和尼泊尔进行了一系列宗教改革运动，致使佛教受到很大冲击，这尊颇有来历的佛像所在的寺院也遭到了印度教的破坏，而佛像却被佛教徒保护隐藏起来。直到10世纪宗教斗争平息以后，这尊佛像才被重新拿出来并运往相对安全的"佛城"帕坦城[1]。镀金的佛像据说同时铸造了三尊，另外两尊中的一尊相传由

---

1 Michael Hutt. Nepal-A Guide to the Art & Architecture of the Kathmandu Valley [M]. New Delhi: ADROIT,1994.

因陀罗神带往西方极乐世界，另一尊则被带到了西藏（图6-41）。当僧人们将这尊佛像供奉在帕坦的恩护·巴哈尔寺院（Mhu Bahal）时，遭到了佛教高僧们的反对，他们认为恩护·巴哈尔寺院不足以侍奉如此尊贵的佛像，于是僧人们不得不为佛像重新修建一座新的寺庙，因此就有了克瓦·巴哈尔寺。

克瓦·巴哈尔能够被称为黄金寺是经历了一次次的改造后才实现的。15世纪后，这里已经是十分重要的佛教寺庙，在尼泊尔谷地具有很强的影响力。由于它的声望极高，20世纪初有两个大家族利用在西藏的贸易所获得的财富争相为佛寺屋顶的翻修出资，最终拉纳（Rana）

图6-41　黄金寺

首相不得不介入以协调此事。如今这里保留着密教的诸多经典，并得到信徒的妥善保护，相比谷地其他寺庙这里具有更加规范严谨的宗教仪式和礼仪，所以当地人以及其他国家的佛教信徒更愿来此诵经以祈求安康。

（2）平面布局

黄金寺的入口紧邻街道，庙门口有一对雌雄石狮子作为守卫。当朝圣者进入庙门后首先要穿过一条狭长的过道，之后才能进入黄金寺的寺院。黄金寺寺院的平面为正方形，中央是一个庭院，整个庭院的建筑除佛殿以外均为两层。寺院在空间布局上有一条明确的主轴线，即两道庙门——"斯瓦扬布"神龛——佛殿。它的平面布局形式与曼陀罗图形有着紧密的联系，但是居于中央的神龛的重要性已经让位于佛殿。佛殿位于寺院的后部，建筑为三重檐式，体量十分高大，采用了尼瓦尔楼阁式神庙的样式。最令人惊叹的是整座建筑（包括每一处雕刻）通体镀金，看上去显得富丽堂皇，这正是其得名黄金寺的主要原因所在。主轴线两侧布置有配殿以及禅房和僧房（图6-42）。

可以说，黄金寺是一座兼备膜拜神灵与僧人修行的综合性寺庙，它的寺院规格仍然与尼瓦尔式建筑相同，算得上是尼泊尔佛教寺院的经典之作。

4．千佛寺和千佛塔

（1）寺庙概况

千佛寺（Mahabouddha Temple）位于帕坦城东部的市井中，寺院规模与黄金寺（Golden Temple）相似，也是一座佛教寺院。这座寺院相传建于14世纪，而据历史学家考证它建于1565年。该寺庙为院落式，建筑风格为尼瓦尔样式，建筑内部的风格则有些淡淡的西洋味儿，特别表现在墙上所刷的樱桃红色的油漆和白色的欧式壁柱上。

寺院为正方形平面，中轴线连接着主入口、中心支提以及佛殿，属于典型的尼瓦尔式佛教寺院。寺院中除了传统的尼瓦尔式支提和雕像外，还有沙阿王朝统治者的雕像以及样貌极为欧化的狮子像，与众不同的装饰和雕像从侧面说明该寺在沙阿时期进行过相应改建，是紧跟时代潮流的体现。另据笔者了解，千佛寺在1934年的尼泊尔大地震中遭到严重破坏，人们在重建它时可能顺便加入了新风格（图6-43）。

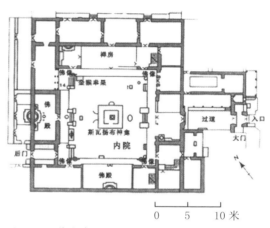

图6-42　黄金寺一层平面图

（2）千佛塔

千佛寺最著名的古建筑当属一座石砌的千佛塔（Mahabouddha Pagoda）了。这座佛塔位于千佛寺附近的一条窄巷内，不刻意寻找很难发现。千佛塔外表为砖红色，外形富有印度特色，据说这座佛塔是仿照印度菩提迦耶（Bodhgaya）的金刚宝座塔修建的（图6-44）。

金刚宝座塔是佛教密教中特有的一种佛塔形式。其样式为方

图6-43　千佛寺

形塔座上安置五座佛塔，中间一座为主塔，四角各一座为副塔。金刚宝座塔有两个含义。其一指密教五方佛体系的体现；其二指代曼陀罗坛城体系。而这座佛塔与印度的那座一样也是由四小一大共计五座佛塔组成，每座佛塔都为四面锥形体，位于中央的佛塔最为高大，四周为四座小塔。千佛塔的基座很高，甚至设置了内部空间，并可直通塔顶。

图 6-44　印度菩提伽耶

这座佛塔之所以叫"千佛塔"是因为它的外立面上贴满了佛陀的雕刻，它是尼泊尔佛教建筑中细部装饰最为丰富的。千佛塔的主塔造型与锡克哈拉风格相似，只是在底部融入佛教须弥座的元素，呈现佛教建筑特色，主塔塔顶和其他锡克哈拉式神庙建筑一样都为圆盘式的宝顶。

昔日这座佛塔显得颇为高大，而今它已隐没在周围的民宅之中，难觅真身了。

5．其他宗教建筑

（1）阿育王四塔

阿育王四塔指的是位于帕坦城东、西、南、北四个方位的四座窣堵坡佛塔。四座窣堵坡相传是孔雀王朝的君主阿育王（Ashoka）来帕坦礼佛时修建的，然而大多数史学家并不认同这一观点，它只是民间的传说，并没有证据确凿的文献记录为其证明。在四座佛塔中较为著名的是帕坦南部的窣堵坡，即"帕坦南塔"（Southern Stupa）。帕坦南塔是尼泊尔谷地中现存覆钵体半径最大的窣堵坡，大约建于公元前 3 世纪以后或是李察维时代早期。它的塔顶部位是尼泊尔窣堵坡早期形式的代表，从中可见在中世纪以前尼泊尔窣堵坡并非如我们所看到的斯瓦扬布纳窣堵坡那样有着华丽的塔刹部分。这座佛塔如今虽有专人负责看护，但已长满杂草，透露着历史的沧桑感。

其余"三塔"，除了北部窣堵坡佛塔已经经过重新修缮粉刷一新外，在覆钵体上都长满了杂草，但是并不影响信徒在那里祈求平安。它们的修建年代需要进一步考证（图 6-45）。

图 6-45 帕坦四塔

（2）昆贝须瓦尔寺
（Kumbeshwar Temple）

昆贝须瓦尔寺位于帕坦杜巴广场北部，建于 14 世纪末，是一座印度教寺院。昆贝须瓦尔寺可以算得上是帕坦现存最古老的寺院之一了。

该寺的主庙供奉湿婆神，这座瘦长形的建筑是尼泊尔谷地中仅有的两座五层

图 6-46 昆贝须瓦尔寺

式屋顶的神庙之一，在主庙前还有公牛南迪的石像以及一座白色屋顶的供奉湿婆林伽像的小庙。寺庙中除了另外几座小庙外还有两座水池，用于储存圣水，不过现在已经作为周边居民收集生活用水的地方了。昆贝须瓦尔寺中还保留着一些精美的古代雕刻，可见当年这里应该是一处修行的宝地（图 6-46）。

第四节　巴德岗的宗教建筑

1.城市概况

巴德岗（Bhadgaon），也称"巴克塔普尔"(Bhaktapur)，意为"虔诚者之城"。位于加德满都以东 13 公里处，是尼泊尔加德满都谷地中第三大城市，也是一座极为重要的历史文化名城，建于 889 年的李察维王朝时期。据说，它是以湿婆手中的鼓为模板进行城市规划的[1]。13 世纪起，这里一直是入主尼泊尔谷地的马拉王朝的首都，此后一直到公元 15 世纪，在长达 200 年的时间里马拉人在这里兴建了大量的宫殿和神庙。在马拉王朝早期，巴德岗是整个王朝的政治、经济和文化中心。15 世纪末，马拉王朝分裂，巴德岗变成了一个独立的王国（1482—1769）。1769 年，它成为谷地中最后一个被廓尔喀军队征服的国家，此后逐渐被廓尔喀统治者边缘化。

巴德岗城内的宗教建筑主要以印度教神庙为主，这里可以看到极为纯粹的尼泊尔神庙建筑。尼泊尔辉煌的中世纪时期，马拉王朝的统治者修建了大量的神庙用以供奉印度教的神灵。

15—18 世纪时，大量的商业活动为巴德岗带来了巨大财富，也推动建筑与雕刻艺术的营造活动走向高峰。巴德岗的印度教神庙建筑主要集中在杜巴广场、陶马迪广场（Taumadhi Square）以及塔丘帕广场（Tachupal Square），神庙的种类以单体建筑为主。坐落在北部郊外山顶的昌古纳拉扬寺（Changu Narayan Temple）则是一座集合了多座神庙建筑的印度教寺庙。无论是杜巴广场上的锡克哈拉式神庙，还是陶马迪广场五重檐的尼亚塔颇拉神庙（Nyatapola Mandir）或者是位于山顶的昌古纳拉扬寺都足以成为尼泊尔宗教建筑及建造技艺的典范，古城中随处可见的神庙也从侧面反映了历史上巴德岗神庙建造活动活跃而频繁的（图 6-47）。

2.杜巴广场的神庙建筑群

巴德岗杜巴广场（Bhadgaon Durbar Square）出现于 12 世纪，如今它是这座城市辉煌历史的纪念碑。尽管它曾经在 15 世纪中期多次遭受战争洗礼，许多早期神庙和宫殿已经荡然无存，但是不得不承认，中世纪时期文化的大繁荣使得这个古

---

1 周晶，李天. 加德满都的孔雀窗——尼泊尔传统建筑 [M]. 北京：光明日报出版社，2011.

老的广场不仅见证了王朝曾经
辉煌的历史，更以大量经典的
神庙建筑为载体记录下了尼泊
尔神庙建筑发展的黄金时期。
甚至有西方学者将它称做"露
天艺术馆"，这样的称呼毫不
为过，因为巴德岗的杜巴广场
神庙建筑群的确是谷地三座杜
巴广场中最为精美的。广场的
布局极为合理地摆放下数量众
多的建筑群，有效地解决了建
筑与活动空间的关系，给人一
种悠闲与亲切之感，使人流连
忘返。

图 6-47　古代巴德岗城

　　巴德岗杜巴广场在规模上
不及加德满都杜巴广场。从平
面图上看，主要分为北部的王
宫区域和南部的印度教神庙区
域。印度教神庙区域又可以划
分成左、中、右三个部分，共

图 6-48　巴德岗杜巴广场平面图

11 座神庙建筑。王宫中有一座塔莱珠神庙值得关注。笔者将在下文中介绍其中 7
座神庙（图 6-48）。

（1）南部神庙区域

①邦思纳拉扬神庙（Bansi Narayan Mandir）

建造年代：1667 年，马拉王朝的巴德岗王国时期

建筑类型：尼瓦尔多重檐式神庙

　　邦思纳拉扬神庙位于巴德岗杜巴广场最西端，距离杜巴广场著名的狮子门仅
有几步之遥。这座神庙供奉着毗湿奴的化身克里希纳，建在一个两层的基座上，
神庙平面为正方形，重檐式屋顶，室内为两层。由红砖砌筑的神庙主立面有三扇
木门，门框是传统的尼瓦尔式，上面刻满了神灵以及花纹。门的上部有三扇分开

布置的木窗，比例十分协调。两组屋檐下都安装有斜撑，排布疏松，如一层顶部斜撑仅有 4 只。神庙二层体量收缩，4个立面上各有一个小木窗。神庙顶部则装有镀金宝顶。建筑东边有一根石柱，上面是毗湿奴的坐骑金翅大鹏鸟的跪像（图 6-49）。

②湿婆神庙（Shiva Mandir）

建造年代：不详

建筑类型：锡克哈拉式神庙

这座供奉湿婆的神庙位于杜巴广场西部，位置较为孤立，周边没有其他神庙。锡克哈拉风格的神庙在造型和建筑材料上与帕坦的纳拉森哈神庙相同，也是通体由红砖砌筑而成，只有宝顶和四面突出的门廊下的柱子为石材建造。神庙的主体是修长的锥形体，在四个立面的底部各有一个顶着砖砌小神庙（库塔）的门廊作为过渡空间。神庙的细部装饰较为丰富多样，不仅有花纹装饰的线脚，也有生动的神像。笔者推测，这种以砖仿石的建造手法可能是锡克哈拉式传入尼泊尔初期（图 6-50）。

③瓦斯特拉难近母神庙（Vatsala Durga Mandir）

建造年代：1696 年，马拉王朝的巴德岗王国时期

建筑类型：锡克哈拉式神庙

这座难近母神庙由巴德岗国王吉塔米特立·马拉（Jitamitra Malla）下令建造，

图 6-49　邦思纳拉扬神庙

图 6-50　湿婆神庙

并以 1637 年帕坦杜巴广场上修建的克里希纳神庙为蓝本仿造 [1]。该神庙位于巴德岗杜巴广场核心地带，对于进入广场的参观者而言极为显眼。它与北面的塔莱珠大钟以及国王雕像柱一同面向王宫著名的入口——金门（Golden Gate）。不过这座神庙真正的入口朝东，并且建立在三层基座上，每一层均由一对石兽守卫在阶梯旁。最底层的入口左侧还有一个铜质大钟，据说是 1721 年建造的，又名"犬吠钟"。

难近母神庙通体为石砌，平面为正方形。建筑主体是位于建筑中心的石砌锥形体，如同笋尖一般，其上还安装有一个镀金的宝顶。神庙的一层神殿外有一圈柱廊，柱式风格与尼瓦尔木柱相同，并带有石仿木的托木，柱子体量较轻盈。神庙一层以上部分有厚重的线脚，其上为八个莫卧儿风格的小亭子（库塔）环绕在锥形体周围，使整体看上去颇为饱满。这座造型精致典雅的印度风格的石砌神庙与广场上其他尼瓦尔式建筑极为和谐，毫无突兀之感（图 6-51）。

④帕斯帕提纳神庙（Pushupationath Mandir）

建造年代：1480 年，马拉王朝分裂前夕

建筑类型：尼瓦尔多重檐式神庙

该神庙位于瓦斯特拉难近母神庙的南部，与加德满都东北部的印度教寺庙帕斯帕提纳寺（Pashupatinath Temple）同名，并且是对后者核心建筑帕斯帕提纳庙的"仿制品"，同样是供奉湿婆的神庙。它可能算得上是巴德岗杜巴广场上最为古老的神庙建筑了。帕斯帕提是尼泊尔的百兽之王，也是湿婆的另一个化身。这座神庙仅有一层基座，神庙的外形及细部与广场西部的邦思纳拉扬神庙极为相似，只是建筑体量更大。这座寺庙已经经

图 6-51　瓦斯特拉难近母神庙

1 Michael Hutt. Nepal-A Guide to the Art & Architecture of the Kathmandu Valley [M]. New Delhi: ADROIT, 1994.

过改建，斜撑上的神像和宝顶是镀金的，其余仍然维持原貌。从整体看去，这座典型的尼瓦尔式神庙建筑体态端庄大气，建筑细部也朴实无华，木雕与红砖完美结合，如同一体，显示了中世纪早期尼瓦尔宗教建筑的主流审美倾向（图6-52）。

⑤希迪拉克提米神庙（Siddhi Lakshmi Mandir）

建造年代：17世纪，马拉王朝的巴德岗王国时期

建筑类型：锡克哈拉式神庙

希迪拉克提米神庙又名吉祥天女神庙。这是一座很纯粹的印度式神庙建筑，因为它与印度卡拉朱霍地区（Khajuraho）古老的锡克哈拉式神庙如出一辙，几乎就是直接的复制品。不过该神庙的建筑体量相比原产地印度的同类神庙略小一些，庙身偏瘦也较为单薄。神庙有六层台基，建筑通体石砌，庙身形状为锥形，给人一种挺拔向上之感。锥形庙身上有一层层的线脚，层次感十足，并有精美的雕刻装饰。希迪拉克提米神庙的主入口朝南，有一个石制门廊挑出，其上还托着一个小石庙（库塔），另外三个立面没有开门，对于膜拜者引导作用很强。神庙入口台阶两侧共有四对石像，最下层则为两个牵着狗的人像，栩栩如生，从雕像上可

图6-52　帕斯帕提纳神庙

以看到当时尼泊尔人的着装。这座神庙似乎没有经过风格或样式上的改造，是对于印度风格的神庙建筑的一种仿制尝试(图6-53)。

⑥法希戴葛神庙（Fasidega Mandir）

建造年代：19世纪左右，朝代不详

建筑类型：锡克哈拉式神庙

该神庙位于巴德岗杜巴广场最东段，是一座由五层红砖基座和一个白色神庙建筑组成的锡克哈拉风格的神庙。神庙平面为正方形，室内为一层。神庙体量不大，

图 6-53　希迪拉克提米神庙

正方体的庙身上擎着一个印度风格的大穹顶。神庙内有一尊林伽雕塑。神庙主入口朝南，外部台阶两侧由三对石兽作为守卫。神庙前的空地是举行节日庆典的场所之一。这座异域风格的白色神庙极有可能是1934年大地震以后重建的，因为它的基座看来是一座尼瓦尔式神庙的。法希戴葛神庙是广场东部极为显眼的一座神庙建筑（图6-54）。

（2）北部宫殿区域

巴德岗杜巴广场上的宫殿建筑群位于北部，其历史可能有600多年。这座王宫最早建于李察维时代，拥有比帕坦王国更悠久的历史。早期的巴德岗城已经粗具规模，并且以商业活动为主。13世纪时，马拉人将自己的首都设在巴德岗，使它成为对尼泊尔谷地进行统治的政治中心，巴德岗原有的宫殿也得以扩建。此后，王宫的规模日益扩大，据说拥有99座庭院[1]。15世纪时，印度穆斯林军队的入侵使得巴德岗王宫遭受重创，破坏严重。到18世纪时，仅存12座庭院，而今完好无损的只剩下7座，现存的宫殿的历史都不会早于17世纪。

1 Michael Hutt. Nepal-A Guide to the Art & Architecture of the Kathmandu Valley [M]. New Delhi: ADROIT, 1994.

图 6-54　法希戴葛神庙

　　巴德岗宫殿建筑群保留下来的不多，但也足够体现昔日的辉煌，仍不愧为"尼泊尔中世纪艺术宝库"的美誉。巴德岗王国中也有供国王及王室成员膜拜和祈祷的神庙，像加德满都和帕坦一样拥有自己的塔莱珠神庙，其他神庙则遗存不多，重要的仅有两座，即巴德岗库玛丽神庙（Kumari Bahal）和塔莱珠神庙。如果不是因为它曾遭到过破坏，那么在它的内部应该有更多的神庙建筑存在。由于库玛丽庭院不对外开放，因此笔者对塔莱珠神庙进行了考察。

　　⑦塔莱珠神庙（穆尔庭院）（Taleju Temple）

　　建造年代：1553 年，马拉王朝的巴德岗王国时期

　　建筑类型：尼瓦尔多重檐式神庙

　　巴德岗王宫的塔莱珠神庙也称"穆尔庭院"，是国王维斯瓦·马拉（Vistula Malla）下令修建的。它居于现存宫殿建筑群中部，左边为巴德岗库玛丽庭院，右边为一个 L 形开放空间，可能是拜孔庭院（Beko Chowk）。这座庭院的入口在建筑东部，有一个极为华丽的大门，上面布满雕刻，特别门头板上面雕刻着许多动物的生死轮回，给人以震撼之感。庭院的屋檐下有宽大的斜撑，上面雕刻有印度教中的多臂女神，斜撑下部没有常见的性爱场景雕刻，而雕刻着战斗场面的。庭

院内部是正方形平面，有令人眼花缭乱的木雕装饰，整体氛围使人感到庄严肃穆，这些装饰都是 17 世纪时完成的。庭院的墙壁上有许多历史悠久的壁画，主要内容与神灵和神话故事有关。神庙的主殿在南面，里面供奉着塔莱珠女神神像。这里是国王祭祀神明的重要场所，也是谷地杜巴广场三个塔莱珠神庙中最为精致的一个（图 6-55）。

3. 塔丘帕广场的神庙建筑

巴德岗古老的塔丘帕广场（Tachupal Square）在杜巴广场东南方向，16 世纪以前这里是巴德岗王族们主要的活动区域，是城市最早的中心广场[1]。然而今天的塔丘帕广场上并没有成片的宫殿建筑群遗存，而是以两座印度教神庙为主，周边则是许多古老的尼瓦尔式民居。这座广场显得古老而亲民，没有高高在上的王权气息，而且相比杜巴广场也颇为宁静，站在这里足以使人遐想其中世纪时的繁华。

塔丘帕广场为狭长形，广场成东西向展开，两座主要的印度教神庙比姆森神庙和达塔柴亚神庙成相对的布置格局，中间留有供人活动的空间。两边的尼

图 6-55　塔莱珠神庙（穆尔庭院）入口

---

1 Michael Hutt. Nepal-A Guide to the Art & Architecture of the Kathmandu Valley [M]. New Delhi: ADROIT, 1994.

瓦尔住宅是其边界线（图 6-56）。

（1）达塔柴亚神庙（Dattatraya Mandir）

建造年代：1427 年，马拉王朝时期

建筑类型：尼瓦尔多重檐式神庙

该神庙由马拉王国统一时期的摄政王乔伊拉（1407—1428）下令修建，神庙位于塔丘帕广场东端，主入口朝西，是塔丘帕广场的核心建筑物，统领全局。达塔柴亚是一位多神祇的化身人物，他与佛陀、湿婆以及毗湿奴都有联系，是尼泊尔佛教徒和印度教教徒共同膜拜的对象。因此，这座神庙属于两教教徒共有。

达塔柴亚神庙是由供人休息或观景的福舍建筑改造而来的，原为一层建筑并带有一个突出的塔楼，后来加建了两层变成一座壮丽的福舍，底部的两层布满雕刻的大基座，使得整体看起来十分高大。这座福舍最终改造为神庙，从立面看仍然有明显的福舍特征，特别是二、三层均有挑出室外的木质阳台，它的规格和体量丝毫不亚于加德满都杜巴广场南端的"独木庙"（Kastha Mandap）。其内部结构与尼瓦尔神庙建筑相同，为尼瓦尔"套筒式"构造，建筑体量层层递减，每一层的屋檐都没有挑出，屋顶上为镀金宝顶。一层则是一圈十分典雅的拱券式柱廊，带有浓郁的印度风情。达塔柴亚神庙前有一对石质武士雕像，再两边各是一根石柱，上面分别摆放金属制成的法螺和宝轮。神庙两侧还各有一个大钟。神庙正立面不远处树立着毗湿奴的坐骑金翅大鹏鸟迦楼罗的金属跪像（图 6-57）。

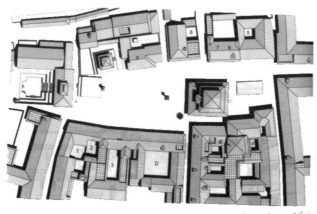

图 6-56　塔丘帕广场平面图

图 6-57　达塔柴亚神庙

（2）比姆森神庙（Bhimsen Mandir）

建造年代：17世纪，马拉王朝的巴德岗王国时期

建筑类型：尼瓦尔都琛式神庙

这座比姆森神庙用来供奉尼泊尔贸易之神比姆森。不过与帕坦杜巴广场的尼瓦尔塔式比姆森神庙相比，它略显简陋。这座比姆森神庙原是一座福舍建筑，为长方形，上下共两层，一层为柱廊，二层是私密空间，屋顶为四坡顶。

这座"神庙建筑"没有经过改造，仍然保持着福舍的原貌，只是在中间突出的塔楼顶上加装了一排镀金宝顶。不过，它的建筑外立面却很好地与周边建筑协调一致，毫无另类之感。这座神庙的出现使得广场更加朴素，更加平民化（图6-58）。

4. 陶马迪广场的神庙建筑

陶马迪广场（Taumadhi Square）是当地仅次于巴德岗杜巴广场的第二大广场，是15世纪以后才出现的。广场的平面正方形，如今仅存两座印度教神庙，一座是位于北边的尼亚塔颇拉神庙（Nyatapola Mandir），另一座是位于东边的拜拉弗纳神庙（Bhairabnath Mandir），它们是两座极其高大的尼瓦尔式神庙。陶马迪广场和塔丘帕广场一样周边由民居围合起来，广场南面有一个砖砌的方形台基，可

图 6-58　比姆森神庙

能是举行祭祀活动时表演用的舞台。这里游人如织，还有许多商家在经营尼瓦尔式商品，十分热闹（图 6-59）。

（1）尼亚塔颇拉神庙（Nyatapola Mandir）

尼亚塔颇拉神庙是加德满都谷地最高最著名的尼瓦尔塔式神庙，也是尼泊尔神庙建筑的不朽丰碑。这座矗立在巴德岗陶马迪广场北部的神庙高达 30 米，由五层基座和五层的神庙两部分构成。这座神庙足以堪称尼泊尔古代建筑中的"高楼大厦"了（图 6-60）。

①历史背景

尼亚塔颇拉神庙建于 1702 年，是巴德岗王国的国王布帕亭德拉·马拉（Bhupatindra Malla）下令建造的。据说，国王曾下令巴德岗的每一户人家都要参与神庙的建造，他本人也曾带头参与。修建这座神庙的目的颇具迷信色彩，相传竟是为了用这座供奉着女神的神庙去平息广场东面拜拉佛纳神庙（Bhairabnath Mandir）中令人生畏的拜拉佛神的愤怒。这座塔式神庙建筑不仅高大，而且颇为坚固，1934 年尼泊尔大地震都未能将它摧毁，只是受到轻微损坏而已。

②基座

尼亚塔颇拉神庙有 5 层正方形基座，全部用红砖砌筑。在基座南面的中间有一条石头铺就的台阶可以直达神庙主入口，台阶两边矗立着五组神庙守护者的石雕，一层为单膝下跪的大力士，二层为断牙的大象，三层为挂着铃铛的石狮子，四层为狮身鹫首的怪兽，而第五层则为女神。据说这些石像所代表的法力每一层都是下一层的 10 倍。这些雕刻经历了数百年的风雨仍然保存完好，人物与动物

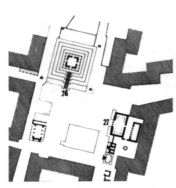

图 6-59　陶马迪广场平面图

图 6-60a　尼亚塔颇拉神庙

图 6-60b　基座上的石雕

看上去栩栩如生。

③神庙

尼亚塔颇拉神庙坐落在五层台基之上，站在这里可以俯瞰巴德岗老城区。神庙平面为正方形，神殿里供奉着湿婆的配偶帕尔瓦蒂的化身希迪·拉克提米女神。神殿只能由印度教的祭司进入，因为这位女神过于恐怖，她坐在由一条大蛇盘成的华盖下，面目狰狞[1]。神庙通体由红砖砌筑，五层五重檐。神庙的体量层层退缩，看起来有一种向上升腾的感觉。神庙一层外是一圈柱廊，上面布满花纹，四面都有大门，全部为传统的尼瓦尔式风格，但没有占满整个墙面，比例上配合建筑整体。神庙的屋顶很重，挑出的檐口很深，每一层屋檐下都有雕刻精美的斜撑，上面刻画了女神希迪·拉克提米的多种形象。整座神庙无论是屋顶还是斜撑都没有镀金，只有在屋顶上的宝顶处进行了这一工艺的处理，不过对于这座堪称典范之作的尼泊尔神庙建筑来说，丝毫不影响美观。

（2）拜拉弗纳神庙（Bhairabnath Mandir）

拜拉弗纳神庙最早兴建于17世纪，后来在国王布帕亭德拉·马拉的要求下，工匠们将其改造为一座样式极为华丽高大的尼泊尔楼阁式神庙。这座巨大的神庙用来供奉湿婆最为恐怖的化身拜拉弗神。据说神庙内的神像仅有30厘米高，与其建筑体量反差极大（图6-61）。

图6-61　拜拉弗纳神庙

三重檐式的神庙平面为长方形，内部空间为"回"字形布局，这种大型空间除了用来供奉神像外，还可以举行室内的宗教祭祀活动。拜拉弗纳神庙的正立面朝西，为长方形长边，其底部一层

---

1 Michael Hutt. Nepal-A Guide to the Art & Architecture of the Kathmandu Valley [M]. New Delhi: ADROIT, 1994.

中央的墙面上供奉有镀金的拜拉弗神像供信徒膜拜，神像位于尼瓦尔木门中间，与门结合形成了一个神龛。二层的窗户均采取镀金工艺装饰，对称式布局，中央是一组排窗，两旁各有一个窗户。在此之上是巨大的屋檐，它上面的窗户都很小，整齐地排列在建筑立面上。神庙三层屋檐下均有斜撑并装饰有女神雕刻，神庙的顶部是七个并排排列的宝顶，中间的宝顶最大。拜拉弗纳神庙外左右两侧各有一对石兽和大钟。

5. 昌古纳拉扬寺

（1）寺庙概况

昌古纳拉扬寺（Changu Narayan Temple）位于巴德岗以北6公里的昌古山山顶上。这是一座极为古老的印度教寺庙，用来供奉毗湿奴的化身纳拉扬。据说这座寺庙大约建于公元464年，或许时间更早。它的最初修建者是李察维国王马纳德瓦一世（Manadeva I），当时树立的石碑碑文成为了解该寺大致情况的主要依据。

昌古纳拉扬寺在历史上曾经多次遭受自然灾害和战火洗礼，因此最为原初的神庙建筑已经荡然无存，剩下的部分是后来多代国王捐资重建的，所以现在大多数建筑建于17世纪以后[1]。至今这里仍保留有不少珍贵的李察维时代的雕刻艺术制品，包括精美的昌古纳拉扬神庙建筑在内，昌古纳拉扬寺成为尼泊尔谷地最经典的宗教建筑之一（图6-62）。

（2）纳拉扬神庙

纳拉扬寺平面为矩形，是一个围合式的庭院。它的庙门在东边，庭院中央是主庙纳拉扬神庙，周围散落着十余座小神庙和神龛以及数量众多的石雕。庭院外围建筑则是僧房以及供朝圣者休息的起居室。

主庙纳拉扬神庙体形巨大，是传统的尼瓦尔式建筑，平面为矩形，重檐式屋顶，顶层为金属覆盖，底层用红瓦铺

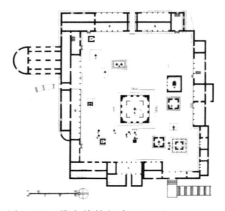

图6-62 昌古纳拉扬寺平面图

1 Michael Hutt. Nepal-A Guide to the Art & Architecture of the Kathmandu Valley [M]. New Delhi: ADROIT, 1994.

就。屋檐下有斜撑，上面的雕刻以毗湿奴为主。檐口也有兽头式的雕刻。斜撑与檐口的雕刻都是彩色的，它们显得很生动。神庙四个立面布局相同，一层四个立面都由三扇尼瓦尔木门以及突出的门框占满，

图 6-63　主庙纳拉扬神庙

二层是小木窗。每一边的门外都有台阶，并由石狮子、狮身鹫首怪兽或是大象守卫着。特别的是该神庙的主入口并不朝向东边，是朝向西边。西边的外立面与其余三个立面截然不同，它的大门和门框全部采用镀金工艺进行加工，显得金碧辉煌，彰显了昌古纳拉扬寺庙尊贵的地位。门外除了一对石狮子作为守卫以外，左右各有一个石柱，上面分别有法螺和法轮，这是毗湿奴的象征。此外，这里还有一尊迦楼罗的跪像以及马拉国王布帕亭德拉·马拉和其王后的雕像，他在当时主持重建了该寺（图 6-63）。

（3）院内神龛及石雕

昌古纳拉扬寺内大大小小有十几座神龛，分别供奉着印度教的拜拉弗神（Bhairab）、巴格瓦蒂女神（Bhagwati）、湿婆以及毗湿奴等，是历代国王为表示对神灵的敬重而修建的，但是它们并没有统一的规划，所以布局上让人觉得有些凌乱。

昌古纳拉扬寺中最为杰出的历史遗迹当属石雕了，精美的石雕在寺院中随处可见，有密宗女神慷慨赴死的石雕、毗湿奴化身纳辛哈除魔的石雕、六臂矮人智斗魔王的石雕等等。其中最为著名的是公元 5 世纪时李察维国王马纳德瓦一世在这里树立的石碑，上面雕刻着这位国王对外征战的功勋以及阻止生母为亡夫殉葬的事情。石碑显示出了李察维时代石雕技艺的精湛水平，也是尼泊尔早期历史资料的重要来源之一。

第五节　加德满都谷地周边的宗教建筑

1.南摩布达——佛陀舍身喂虎处

南摩布达（Namo Buddha）位于加德满都谷地东南部边缘的山区，距离加德满都有 2 个小时的行程。南摩布达与斯瓦扬布佛塔以及博得纳佛塔并称尼泊尔谷地三大佛教圣地，但是南摩布达并不是一处古代建筑遗迹，而是佛教中一个著名传说的所在地。

相传佛祖释迦牟尼在此舍身喂虎，以示佛家慈悲之心。后人根据这个神奇的传说找到了此地，并在山上修建了塑像还原了故事场景。藏传佛教也在此修建了一座宏伟的寺庙，即创古佛寺，它属于典型的西藏山地型寺庙，但是建筑年代并不久远。

图 6-64　创古佛寺

与此同时，僧人们还在周边的山顶插上了经幡（图 6-64）。

2.努瓦阔特的神庙建筑

（1）历史概况

努瓦阔特（Nuwakot）位于加德满都西北 72 公里处，是一个位于加德满都谷地外围山区的尼瓦尔小城镇，在这里可以远眺白雪皑皑的喜马拉雅山，景致极佳。努瓦阔特在尼泊尔历史上是一座极为知名的城市，因为尼泊尔最后一个王朝沙阿王朝（廓尔喀帝国）的开国皇帝普利特维·纳拉扬·沙阿（Prithvi Narayan Shah）与这里有着不解之缘。他统一尼泊尔的征程从这里开始，也最终在此安度晚年。如今，这里留下了许多宗堡和神庙建筑，记录着与沙阿王朝的关联（图 6-65）。

努瓦阔特早在 13—18 世纪的马拉王朝时代就是尼泊尔谷地边缘的一个独立城邦。当时尼泊尔中部有二十几个小王国，彼此混战多年。努瓦阔特是一个山城，易守难攻，因此逐渐成为一个强大的王国。然而到了 18 世纪，尼泊尔西部的廓尔喀王国崛起，并决心统一整个尼泊尔。1744 年 9 月廓尔喀军队攻下了努瓦阔特，并将努瓦阔特作为进军加德满都的桥头堡和廓尔喀王国临时的首都，雄心勃勃的普利特维正是在这里谋划军事行动。30 年后，这位建立强大廓尔喀沙阿王朝的君王仍然选择住在他所喜爱的努瓦阔特，在喜马拉雅雪山的映衬下回忆自己的戎马生涯，并最终走向生命的尽头。

1792 年，廓尔喀侵藏军队被中国清朝军队打败后退至努瓦阔特，而后在此宣布战败，并愿意归附清朝。

（2）主要神庙建筑

努瓦阔特并不是尼泊尔的宗教圣地，它属于近代尼泊尔王室的要塞和行宫。下文将重点集中在著名的沙阿王朝宗堡建筑群一带，这里的神庙建筑与统治者的行宫堡垒混杂在一起，因此被外界称为宗堡。宗堡是指集宗教神权与政治皇权两种职能于一体的建筑组群，这一建筑类型在尼泊尔并不多见。

① 山顶宗堡建筑群中的神庙建筑

努瓦阔特的宗堡建筑群位于山顶之上，在这里分布着大小九座堡垒，它们的建筑风格都是传统的尼瓦尔式，而且吸收了印度北方的山地建筑元素。其中最高的一座堡垒为七层，名叫萨特·塔莱堡（Saat Tale），是努瓦阔特的标志

图 6-65　努瓦阔特建筑群

性建筑（图6-66）。这些堡垒都建立在山顶的开阔地上，居高临下，既可以眺望远处的群山，又可以向下俯视周围的村镇，给人一种君临天下之感。而与这些堡垒在一起的是以印度教神庙建筑为主的宗教建筑，它们被建在高大的堡垒所围合出来的中心小广场上，但是神庙和神龛的出现并没有使山顶的建筑组群显得拥挤不堪，反而从风格和色彩上丰富了建筑群，使人不会因为只看到大量的尼瓦尔红砖堡垒而感到枯燥乏味。

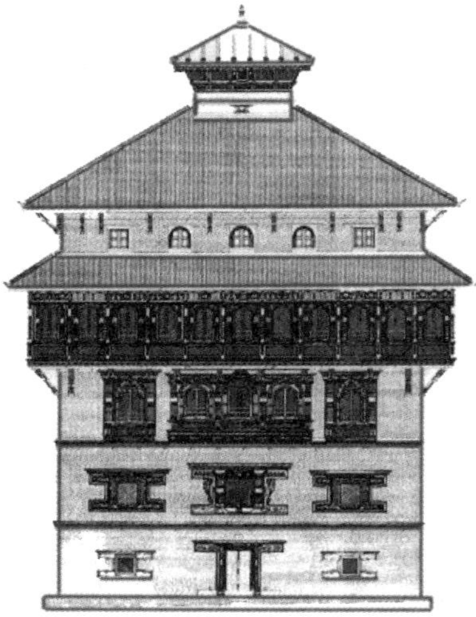

图6-66　萨特·塔莱堡立面

小广场的草坪上有两座小神庙，风格和体量相同。其中一座供奉毗湿奴，建在一个三层高的石质基座上，在入口的台阶旁有一对小的石狮子。神庙为正方形平面，建筑的体量与样式和加德满都杜巴广场的因陀罗神庙（Indrapur Mandir）相似。该神庙有两层，建筑体量逐层递减，底层神殿中供奉一尊神像，二层空间很小，以采光为主。这座神庙的墙壁均用白色涂料粉刷，使得咖啡色的重檐屋顶和斜撑显得格外鲜明。神庙每层屋檐下都有一圈红色的帆布，给建筑平添了一丝活泼的感觉。神庙的雕刻主要集中在斜撑和神殿入口上方的门头板上。在这座毗湿奴小神庙之前有一副青铜制成的钟以及一根有金翅大鹏迦楼罗跪像的石柱。

两座小神庙虽然体量不及周围的堡垒高大，但是迥异的风格和色彩使得它们颇为醒目，也使得象征权力的堡垒看起来不再那么森严，平添了几分柔和的气息（图6-67）。

②拜拉弗神庙（Bhairab Mandir）

在山顶的宗堡建筑群附近，有一个小广场，核心建筑就是拜拉弗神庙。这里可能是一处宗教活动中心，因为在神庙周围有祭司的住宅以及供朝拜者休息的长廊。这里还有一个特别之处，在拜拉弗神庙旁边，建有一座两层两坡顶的砖砌西洋风格建筑，可能建于沙阿王朝的拉纳时期（Rana）。这座建筑屋顶为红瓦，山墙上雕刻着两个西洋天使，四个立面有突出于墙面的欧式方柱，并配柱头。它与一旁的拜拉弗神庙以及周围的尼瓦尔式建筑放在一起显得不伦不类，推测为供王

图 6-67　毗湿奴小神庙　　图 6-68　拜拉弗神庙

室成员在参拜神像后休息之用。

　　拜拉弗神庙拥有一个小院子，两个入口处均有石狮子作为守卫，旁边有几座佛教的小支提。走下台阶进入神庙所在的小院子，神庙位于一个石质台基上，共计为两层，由红砖砌筑，一层神殿外是一圈柱廊，里面挂着一圈铜质小钟，信徒会在节日或祭祀活动期间在外廊中按顺序摇动每一个小钟，以示虔诚。神殿的主入口朝北，里面供奉着湿婆的化身之一拜拉弗。神庙门口有四对石狮子以及两个菩萨的塑像。神庙顶部是用金属覆盖的屋顶，从远处看起来金光闪闪，在众多深色屋顶的建筑中显得极为明显（图 6-68）。

第六节　廓尔喀的宗教建筑

1. 城市概况

　　廓尔喀（Gorkha）是尼泊尔西部山区中一座历史名城，是骁勇善战的廓尔喀战士的故乡。这座山城对外交通十分不便，距离西部唯一的"交通要道"特里布文公路（Tribuwan Highway）的最近处也要 24 公里。然而，这座不起眼的小城却是 18 世纪统一整个尼泊尔的廓尔喀沙阿王朝的发源地。从 15 世纪中期开始，这里一直是廓尔喀王国的首都。廓尔喀人在这里建立国家，并在长达数百年的王国混战中发展壮大，最终向东攻入尼泊尔谷地（加德满都谷地），消灭了谷地的诸侯国，随后王国的首都迁入加德满都，这座城市则成为廓尔喀人遗留下来的故都。今天的廓尔喀依然保留着王宫以及神庙，并且由于这里是一代帝王普利特维·纳拉扬·沙阿（Prithvi Narayan Shah）的故乡而又成为尼泊尔人一处重要的朝圣之地。

2. 廓尔喀杜巴的神庙建筑

廓尔喀宫殿建筑群的建造者是国王从尼泊尔建筑艺术的中心帕坦特意邀请过来的，16世纪时郭尔廓王国与谷地的帕坦王国还是同盟。这座宫殿建筑群不仅是传统尼瓦尔式建筑的杰作，同时也占据着极佳的地理位置。它可以俯瞰山下的城镇，也可以将远处安娜普尔纳雪山（Annapurna）的美景尽收眼底（图6-69a）。

廓尔喀王宫，这座红砖砌筑的尼瓦尔式宫殿，与一旁的卡利卡神庙（Kalika Mandir）紧密相连。卡利卡神庙也是尼瓦尔式的，只是更像一座宫殿改造的，它的外立面上雕刻着生动的孔雀、魔鬼头和长蛇雕刻，二层有木质排窗，神庙前是一个三面围合的小广场，通常只有婆罗门祭司和国王可以进入神殿，普通民众只能在外观看（图6-69b）。

整座建筑群的最东端是普利特维·纳拉扬·沙阿国王的精神导师古鲁·廓尔喀纳（Guru Gorkhanath）的陵墓，他是一位隐居的圣贤[1]。

山腰上有一尊看起来栩栩如生的神猴哈努曼雕像，它被安放在一个平台上，接受信徒的膜拜。

虽然沙阿王朝已经灭亡，但是尼泊尔民众始终对于普利特维·纳拉扬·沙阿国王有一种崇敬之情，正是这位帝王将廓尔喀从一个默默无闻的小王国变成了一

图 6-69a　廓尔喀山顶王宫　图 6-69b　神殿

---

1 布拉德利·梅修.孤独的星球——尼泊尔 [M]. 郭翔，等，译.北京：中国地图出版社，2013.

个国力强大、疆域面积广阔的帝国。他因此被誉为毗湿奴的化身，即世间万物之主纳拉扬（Narayan）。

3. 老城区的神庙建筑

老城区坐落于建有王宫的山脚下，是一座古老的城镇，在镇子中心还保存着当年修建的国王的要塞式宫殿。这座尼瓦尔式建筑高大而威严，使人依稀可以联想到当年廓尔喀国王对这里的统治力度。镇子边缘有三座小型神庙建筑，分别供奉着象鼻神甘尼沙、湿婆和毗湿奴。其中，湿婆庙是伊斯兰穹顶式的建筑风格，其门口还树立着一根有国王跪像、借以表达虔诚的石柱。

4. 玛纳卡玛纳神庙

玛纳卡玛纳神庙（Manakamana Mandir）是尼泊尔西部一座极其著名的印度教圣地，位于廓尔喀南部一座海拔 1 385 米高的山峰上。以前到达这里至少要步行3 小时的山路，但是如今尼泊尔政府为朝圣者安装了由山脚下直达山顶玛纳卡玛纳神庙的空中缆车，全程仅 20 分钟。

玛纳卡玛纳神庙所在的山顶上有一个小市场，朝圣者乘坐缆车到达山顶后，需要穿过这片热闹的商业区，而后才能到玛纳卡玛纳神庙所在的中心小广场。

玛纳卡玛纳神庙（图 6-70）可能建于 17 世纪，神庙内供奉着湿婆配偶帕尔瓦蒂的化身巴格瓦蒂女神（Bhagwati）。印度教徒相信，这座神庙拥有帮助自己实现梦想的法力，新婚夫妇都会来到这里通过将牲口血祭的形式向女神祈祷早生

图 6-70 玛纳卡玛纳神庙及其外廊

贵子，所以前来这里朝圣的人络绎不绝，庙前的地面上随处可见祭献动物留下的血迹。这座神庙为传统的尼瓦尔式，屋顶为重檐形式，并加铺金属材质，五条金属垂带由屋顶上垂下来。墙体为红砖砌筑，门窗皆为木质，较为朴素，一层有一圈柱廊，柱子及上部木梁均刻有花纹和鬼头装饰。神庙外有一圈大钟，朝圣者通常一边摇钟一边围着神庙转圈。神庙旁还有甘泥沙石像以及湿婆坐骑公牛南迪的金属雕像。

第七节 丹森的宗教建筑

1. 城镇概况

丹森（Tansen）又称"帕尔帕"（Palpa），位于巴特瓦尔和博卡拉（Pokhara）之间的公路旁，并紧邻卡利甘基河（Gandaki River）。它是一座充满尼瓦尔风情和中世纪氛围的尼泊尔西部山城，在这里有鹅卵石铺就的街道、装饰着精美雕刻的古老民居以及安静惬意的寺庙。

历史上丹森曾是马嘉王国（Magar）的首都。这个神秘的王国曾经强盛一时，控制着尼泊尔西南部大片地区。16世纪时，丹森国王穆坎达森（Mukundasen）曾率领军队攻入尼泊尔谷地，兵临加德满都城下[1]。到了18世纪时，王国内部出现权力纷争，北部廓尔喀人的军队随即攻下了丹森，强盛一时的马嘉王国灭亡。

丹森是由中部山区通往南部平原的门户，其地理位置极佳，由此向北可以到达尼泊尔第三大城市博卡拉，向南则可以抵达一望无际的特赖平原（Terai）。因此从印度向北而来的商旅会经过特赖平原抵达这里，随后继续向北翻山越岭，直至到达他们的目的地中国西藏。丹森就是这条商路上的一个重要驿站（图6-71）。

2. 丹森杜巴及周边神庙

丹森杜巴是沙阿王朝时期丹森总督府所在地。它位于城市中央，其门前有一个小广场名叫思塔帕特（Sitalpati），有四条街巷在这里交汇。据说这个小广场以前是总督发布命令以及召集民众集会之地。如今广场中央有一个八角亭建筑，为白色简欧风格，站在上面可以欣赏到山城美景。

---

1 布拉德利·梅修. 孤独的星球——尼泊尔 [M]. 郭翔，等，译. 北京：中国地图出版社，2013.

图 6-71　远眺山城丹森

图 6-72　比姆森神庙

八角亭南面是一座尼瓦尔风格的小神庙，为比姆森神庙（Bhimsen Mandir），供奉贸易之神比姆森，由此可以看出贸易对于古时丹森的重要性。这座两层的比姆森神庙可能建于 19 世纪，它的细部看起来过于简洁，没有华丽的雕刻。其最大特点是神殿的大门不是传统尼瓦尔式的，而是简欧风格的，装饰着简易的山花以及模仿欧洲 19 世纪铁艺风格的花纹。由此可见，沙阿王朝在 19 世纪以后对于西洋风格的推崇，当然这也可能是丹森人在贸易交往过程中吸收进来的外来文化元素在建筑上的体现（图 6-72）。

3. 丹森主要神庙

丹森作为古老王国的首府，不仅是这一地区的政治与经济中心，更是宗教中心，因此它也被作为山区神庙建筑介绍的典型实例。

丹森的宗教建筑主要为印度教神庙，城区以及郊外各有几座，规模以及风格各不相同。除了传统尼瓦尔风格的艾马尔·纳拉扬寺（Amar Narayan Temple），其他几座寺庙都各有其特色，譬如拜拉弗斯坦神庙（Bhairavsthan Mandir）具有浓郁的乡土气息。丹森的神庙总体上较为朴素简洁，不追求繁杂的细部装饰，在建筑布局上也不那么强调规整，这些可作为尼泊尔山区神庙的特征。

（1）艾马尔·纳拉扬寺（Amar Narayan Temple）

艾马尔·纳拉扬寺是加德满都谷地以外为数不多的极为美丽的尼瓦尔式寺庙。它位于丹森市东部的一个小山丘上，由沙阿王朝统治者任命的首位总督艾马尔下令建造，并于 1806 建成，主要供奉毗湿奴（图 6-73）。

从历史地图上看艾马尔·纳拉扬寺昔日的规模很大，如今只保留下寺庙的主体部分。它是整座寺庙的核心，为一个矩形的院落，大门在西面，是雕刻精美的尼瓦尔式木门，庭院中央矗立着一座三层三重檐的神庙，这种布局形式与佛教寺院颇为相似。该神庙建在两层基座上，平面为正方形，底层外为一圈柱廊，木柱以及横梁上都有雕刻装饰，风格与加德满都谷地的神庙类似。神庙主门采用镀金工艺并朝向西面，其余三个立面为木质尼瓦尔式窗户。二至三层每个立面为三扇窗户，并随建筑体量一起逐层减小，第四层每个立面只有一扇窗。神庙的屋顶除顶层为金属材质外，其他两层均为瓦片铺筑，每一个屋檐下都有一圈风铃，支撑构件斜撑则布置得较为稀疏。这座多檐式神庙可谓是西部山区神庙建筑中少有的精品。

神庙主门的前面，布置有两座铜钟，并有毗湿奴忠诚的坐骑迦楼罗的镀金跪像。神庙的庭院建筑包括一座庙门以及一座僧房。

（2）巴格瓦蒂神庙（Bhagawati Mandir）

巴格瓦蒂神庙位于丹森市内西南部，建于1819年，供奉的是杜尔迦女神，她也被视为当地的守护神。

巴格瓦蒂神庙的外貌与传统的尼瓦尔式建筑略有不同，可能是由于经过了多次修缮。它的墙面已经被刷成朱红色，神庙主门两边的门框布满了彩绘，而不是尼瓦尔传统的木雕，墙面的边缘有白色线条装饰，不像传统的尼瓦尔建筑那样色彩单一。这座神庙平面为正方形，两层高，但从整体看来显得极为活波。巴格瓦蒂神庙的对面有一位国王的石像，寺院中有两座小神龛（图6-74）。

图 6-73　艾马尔·纳拉扬寺　　图 6-74　巴格瓦蒂神庙

（3）拜拉弗斯坦寺（Bhairavsthan Mandir）

拜拉弗斯坦寺位于丹森以西9公里，建在公路旁的一座山上。该寺是一座白色院落，建筑风格不是传统的尼瓦尔式，具有一定的乡土气息，可能是在山顶别墅的基础上改建而成的。拜拉弗斯坦寺最为著名的是其小院中供奉的一只巨大的金色钢叉，这也标志着该寺所供奉的神灵是湿婆。该寺并没有专门修建的神殿，主殿由小院中的一个房间改建而成的，即位于巨型钢叉的对面。该寺是当地的一座重要寺庙，祭拜活动常以血祭为主，因此在寺院内常常可以看见鸡毛和动物的血迹（图6-75）。

图 6-75 拜拉弗斯坦神庙

第八节 本迪布尔的宗教建筑

1. 城镇概况

本迪布尔（Bandipur）（图6-76）位于杜摩（Dumre）附近的山上，是一座保存良好的中世纪古镇。本迪布尔曾经隶属于丹森的马嘉王国（Magar），这个王国曾经强盛一时，但是18世纪以后被廓尔喀人征服，随后并入尼泊尔廓尔喀帝国版图中[1]。近代以后，这里曾有由英军训练的郭尔喀军团驻扎。

本迪布尔自古以来就是贸易中心，南来北往的商队都会经过这里，特别是来自印度和中国西藏的商人，

图 6-76 本迪布尔

---

1 布拉德利·梅修. 孤独的星球——尼泊尔 [M]. 郭翔，等译. 北京：中国地图出版社，2013.

他们在这里稍事休整或买卖商品后继续踏上征程前往遥远的地方。据资料记载，19世纪中期，本迪布尔已经成为极为重要的贸易中心，直到20世纪60年代特里布文公路的修建才使得它因远离现代文明而走向没落。

如今这座古镇已然重新恢复生机，旅游业成为主导产业，古老的历史街区是该镇最大的特色。本迪布尔的神庙建筑并不多，这里的宗教热情也不如加德满都谷地那样狂热，但是却不乏一些富有特色的神庙建筑。

2. 主要神庙

（1）宾德巴思尼神庙（Bindebasini Mandir）

该神庙位于古镇最为繁华的历史街区"本迪布尔市场"东北部处于三条道路的交汇处。这里形成了本迪布尔的一个小广场和公共空间，神庙作为这一空间的核心建筑，可能是为了集合信徒以及体现神的中心地位而规划安排的。

宾德巴思尼神庙为传统的尼瓦尔多檐式神庙，里面供奉杜尔迦女神。这座神庙为重檐式屋顶，屋顶上没有使用金属材料美化，而保持了最初的样子，斜撑和装饰性的外边线均为彩色，墙体则采用淡红色砖砌筑。建筑的主入口朝西北方向，正对着"本迪布尔市场"，该立面全部被门窗所占据，有两窗加一扇门。门头板采用镀金工艺，分外显眼。整座神庙建筑只有西北向一个入口，其余三面为实体墙。这座神庙建筑形制比较简单实用，没有因美观需要而刻意安装多余的门窗，从整体看来又显得色彩斑斓，给人以活泼愉悦之感，反映了当地的民风以及当地建筑的特色。神庙前竖立着两组大钟以及一个镀金门框架，不远处立有一根石柱，上面是帕尔帕王国国王和王后的石质跪像，以示虔诚和尊敬（图6-77）。

（2）卡哈亚神庙（Khadga Mandir）

该神庙位于小镇中的一座小山上，里面供奉着16世纪帕尔帕王国国王穆坎达森（Mukundasen）的佩剑，据说这是湿婆赐予他的，这把剑被奉为"沙克蒂"，代表力量的意思[1]。卡哈亚神庙的造型颇为独特，它不是尼瓦尔式建筑，从远处看去更像是一座西洋风格的小教堂。该神庙为长方形，两坡顶，屋脊上突出一个小塔楼。神庙的主入口前有九级台阶，正立面为欧式山墙造型，顶上却摆放着一个小宝顶。两侧有简单的窗户和小神龛。建筑由砖砌筑并粉刷成白色。从其建筑风格推测，卡哈亚神庙可能修建于尼泊尔中世纪晚期（图6-78）。

---

1 布拉德利·梅修. 孤独的星球——尼泊尔[M]. 郭翔，等译. 北京：中国地图出版社，2013.

图 6-77 宾德巴思尼神庙　　　　图 6-78 卡哈亚神庙

第九节 贾纳克普尔的宗教建筑

1.特赖平原及贾纳克普尔概况

　　特赖平原（Terai）位于尼泊尔的南部，是喜马拉雅山过渡的丘陵地区（尼泊尔中部）与印度之间的一条狭长地带。这里的自然地貌以平原和森林为主，北边群山成为一望无际的田野背景。这里的气候已与印度北方极为相似，一年中的大部分时间都较为炎热。特赖平原东部地区靠近锡金（Sikkim，现归属印度）、不丹（Bhutan）以及孟加拉（Bangladesh）。这里最初为米提拉王国（Mithila）所控制，米提拉是一个古老而神秘的王国，关于它的记载主要来自于神话传说。5 世纪时，这一地区被印度北部的笈多人征服，成为印度笈多王朝（Gupta）的疆土。8 世纪以后，笈多王朝土崩瓦解，印度北部再次陷入混乱。14 世纪时，信奉伊斯兰教的莫卧儿人（Mughal）开始称雄印度，穆斯林军队的扩张导致特赖东部人口骤降，大批印度教、佛教信徒逃进尼泊尔谷地。18 世纪，骁勇善战的尼泊尔廓尔喀军队南下，取替了早已日薄西山的莫卧儿人成为特赖东部新的统治者。19 世纪初，特赖平原成为尼泊尔人与英国殖民者多次交战的战场。

　　贾纳克普尔（Janakpur）是笔者在特赖平原实地调研的主要城市之一，其位于特赖平原东部，距离加德满都约 123 公里。同时，它也是紧邻印度的边境城市。这里有着悠久的历史和浓郁的宗教氛围。

　　值得一提的是，贾纳克普尔所在的特赖平原上有两处著名的宗教圣地，一处是佛教诞生地蓝毗尼（Lumbini），另一处是印度教圣城贾纳克普尔。对于印度教教徒而言，阿育王是否到过蓝毗尼礼佛并不是他们所关心的，因为在特赖平原最令他们向往的是印度教史诗著作《罗摩衍那》一书的诞生地，也就是特赖东部著名的城市贾纳克普尔。书中的主人公罗摩王子（Rama）的妻子悉多（Sita）就诞生于此，悉多长大后嫁给了英雄罗摩，两人的故事被写成神话为后世流传。据正史记载，特赖东部在上古时期曾经存在过一个叫米提拉的王国，贾纳克普尔正是其国都，《罗摩衍那》一书的故事背景也正是这一时期[1]。此后这里曾先后被笈多王朝、莫卧儿王朝所控制，直到 18 世纪尼泊尔西部崛起的廓尔喀王国发动统一尼泊尔的战争，这里才最终被并入强大的尼泊尔廓尔喀帝国（沙阿王朝）版图。

　　贾纳克普尔在 14—18 世纪以后一直被外来的穆斯林统治，但在生活和风俗习惯上与印度几无差异，因此这里的城市风貌以及居民衣着都体现着印度以及伊斯兰教的特色。这里的印度教神庙大多建于 19 世纪以后，而浓郁的伊斯兰风格却挥之不去，成为当地的一大特色。

2. 主要神庙

（1）贾纳基寺（Janaki Temple）

①寺庙概况

　　贾纳克普尔最特色的神庙建筑就是贾纳基寺，它位于城市的中心，看起来很像一座色彩斑斓、风格华丽的伊斯兰宫殿。相传这座寺庙所在的位置是当时米提拉国王贾纳克（Janak）找到躺在犁沟里的婴儿悉多之处，于是在 1912 年时当地人修建了这座寺庙，以示纪念（图 6-79）。

②建筑特色及布局

　　贾纳基寺一直被认识是尼泊尔最具特色的神庙建筑之一，它吸收了邻国印度莫卧儿王朝的伊斯兰建筑风格，寺院由白色大理石和砖建造。建筑立面上以拱券、穹顶以及塔楼等伊斯兰建筑元素为主，建筑细部雕刻着五颜六色的花纹和几何图案。在入口上方安置了雄狮托着徽章的雕刻，作品的风格为明显的莫卧儿样式。该寺建筑规模较大，院落空间也比传统的尼瓦尔式寺院大许多，不过布局形式与

---

1 布拉德利·梅修. 孤独的星球——尼泊尔 [M]. 郭翔，等，译. 北京：中国地图出版社，2013.

图 6-79 贾纳基寺

图 6-80a 悉多神殿外部

图 6-80b 悉多神殿内部

尼泊尔佛教寺院相似，都采用庭院式，主要神庙设置在院落中心，在宗教意向和布局上统领全局，并醒目地引导信徒向这里汇聚。神庙周围的围合型建筑，一层为一圈拱券式的柱廊，并设有休息室和祭司的卧室。局部二层有专用来供奉神像的神殿。

③悉多神殿

坐落于贾纳基寺中央的神殿，供奉着印度教史诗《罗摩衍那》一书中的女英雄悉多，她是当时国王贾纳克的女儿。这座神殿正对寺庙的主入口，朝圣者通常会穿过高大的伊斯兰式门楼进入寺院，并进入中央的悉多神殿。

该神殿为两层建筑，立面以白色为主，檐口为蓝色和粉色，拱券及门框上画有花纹，屋顶两侧的穹顶和立面上的神龛均绘有彩绘，整座建筑色彩艳丽、富丽堂皇。神殿内部有可供信徒膜拜的悉多塑像（图 6-80）。

（2）拉姆寺（Ram Temple）

该寺位于贾纳基寺东南方的老城区内，修建于1882年，是贾纳克普尔最古老的寺庙。在这座伊斯兰风格的庭院中，混杂着尼瓦尔以及伊斯兰两种风格的神庙。主殿为尼瓦尔塔式神庙，供奉罗摩王子。周围的小神庙主要以伊斯兰风格为主，供奉着湿婆和杜尔迦女神（图6-81）。

图6-81　拉姆寺中的一座神庙

此外该寺的门口还有一个颇为宽阔的水池，据说是用来举行仪式用的。当然在贾纳克普尔还有不少人工开凿的水池，一方面可以为当地人解决用水问题，另一方面是根据宗教需要，如今水池已经是当地的一大特色了。

3．对神猴哈努曼的崇拜

贾纳克普尔当地人对于神猴哈努曼（Hanuman）极为崇敬，这里有许多神猴的雕像和许多供奉神猴的小神龛，它们多数都被塑造成身穿铠甲的将军模样。该地之所以崇拜神猴是因为在印度教史诗《罗摩衍那》中神猴哈努曼是王子罗摩的伙伴，

图6-82　神猴哈努曼的雕像

也是正义的象征，它帮助罗摩打败了魔王，救出了悉多。哈努曼神猴的这一形象甚至还被一些人认为是《西游记》中孙悟空的原形（图6-82）。

第十节　蓝毗尼的宗教建筑遗迹

1. 遗迹概况

蓝毗尼（Lumbini）（图6-83）位于现今尼泊尔南部的特赖平原西部地区，属热带气候，天气长期闷热。它是尼泊尔最为著名的佛教遗址，其梵文含义为"可

爱"。它是全世界佛教徒心中的圣地，
因为佛教始祖释迦牟尼就诞生于此。
关于佛祖诞生的故事，史料中是这
样记载的，公元前 624 年印度北部
迦毗罗卫国（Kapilavatsu）王后"摩
耶夫人"因梦见白象而怀孕，她正
准备回娘家待产，一路上走得很辛
苦，当经过蓝毗尼时被此地一处花
园中的美景吸引而决定在此园休息
片刻，而后便在一棵梭罗树下分娩，
在自己的右肋下生出一男婴，这个
呱呱坠地的婴儿便是佛教未来的始
祖释迦牟尼。作为释迦牟尼的诞生
地，蓝毗尼成为世界佛教徒心中的
圣地，从古至今更是有无以计数的
信徒来此顶礼膜拜。

图 6-83　蓝毗尼园

在历史上，蓝毗尼对于我国僧人的吸引力也很大，晋代高僧法显就曾经到
访过蓝毗尼。唐朝的玄奘在公元 633 年也曾到此朝拜，并留下文字记录。然而
在经历了数千年的沧桑尤其是经历了 15 世纪穆斯林军队的破坏后，蓝毗尼园已
经彻底变为废墟。

1978 年，日本建筑师丹下健三（Kenzo Tange）为蓝毗尼园做了修复性的规划
设计，使得圣园、河道、遗址等得到有效的复原，并修建了博物馆、摩耶夫人庙
以及多个国家的佛教寺院等新建筑。

2. 摩耶夫人寺

摩耶夫人寺（Maya Temple）是一座修建于当代的现代主义风格的神庙建筑，它
的作用主要是用来保护其建筑内的佛陀出生地遗址。这个遗址上早先的建筑可以
追溯到 2 200 多年前的孔雀王朝时期，其历史之悠久可想而知。

摩耶夫人寺是一座两层楼高的白色方形建筑，其顶部还有一个模仿斯瓦扬布
纳佛塔塔刹的装饰性构件。摩耶夫人寺从整体看来显得神圣而优雅，丝毫没有因

其是佛教圣地而刻意表现出盛气凌人的姿态。摩耶夫人寺内部实际上是展厅，在里面可以看到关于佛祖出生地的挖掘现场，以及一块据说是阿育王时代的描述佛祖诞生的石雕（图6-84）。

在摩耶夫人寺外，树立着一根"阿育王石柱"，高6米，柱上刻有菠萝蜜文的铭文，内容大致是讲述孔雀王朝的阿育王在其登基后的第21年"到此一游"，并下令蓝毗尼一带的居民可以免除一部分赋税。石柱后方有一个方形水池和一棵据说有2 500多年历史的菩提树，它们可以说是摩耶夫人寺的辅助景观，这里同样也是信徒们驻足停留之地。

图6-84　摩耶夫人寺

结　语

　　国土面积狭小的尼泊尔却有着无以计数的宗教建筑，"寺庙之国"的美誉绝非虚名。关于尼泊尔宗教建筑的发展，笔者后认为公元 5 世纪是起步阶段，公元 16—18 世纪则是发展的巅峰和黄金时期，近代以来其宗教建筑的发展则趋于停顿，并逐渐落寞。但是无论是其发展的"波峰"还是"波谷"都体现出事物发展的规律性和必然性，这也是我们了解尼泊尔宗教建筑的前提。

　　尼泊尔宗教建筑实质上以印度教神庙建筑和佛教佛塔两大类为主。尼泊尔宗教建筑的灵魂毋庸置疑是传统的尼瓦尔式建筑风格，正是由于尼泊尔宗教建筑始终在承载和发展这一风格，才在南亚乃至世界的宗教建筑中占有一席之地。但是不能忽视的是，尼泊尔宗教建筑的建造过于注重华丽的细部装饰以及飘渺的"天人合一"宗教理念，弱化了它的建筑空间，束缚了尼泊尔古代建筑的进一步发展。

　　尼泊尔的宗教建筑是宗教信仰与其民族相结合的特定产物，因为任何一个国家首先都是由一个或多个民族组成的，即使是同一种宗教信仰在不同民族中也会有不同的理解。这是因为其符合该民族自身利益的需要（特别是政治需要），尼泊尔的宗教特别是印度教究其根本与印度的印度教相似。但是，尼泊尔历代统治者由于来自不同民族、面对不同的政治环境，因而对于印度教的需求有所不同，比如李察维时期的统治者对于印度教较为冷静，而沙阿王朝的统治者则将印度教以法律的形式奉为国教，甚至一度打压其他教派，使得尼泊尔成为世界上唯一一个以印度教为国教的国家。这也说明尼泊尔人对于印度教的认识和热衷程度与邻国印度有所不同，因此即使有印度风格的建筑传至此地，也会因尼泊尔当地的实际情况特别是风土人情从而在建筑风格上作出"让步"，建筑虽是宗教信仰的重要载体，但它却更尊崇其所在民族的审美与建筑技术水平。在笔者看来，了解宗教建筑除了要摸清宗教的发展情况外，也应该看到宗教建筑中蕴藏的民族情感以及民族特质，这也是笔者完成本书后的体会，并被贯穿在关于谁影响了尼泊尔宗教建筑以及尼泊尔宗教建筑的对外影响等问题中。

　　笔者希望可以通过本书为国人了解尼泊尔的宗教建筑尽绵薄之力，但是由于认识所限以及所见所闻的局限，难免导致本书所涵盖内容的片面和肤浅，真诚地希望可以得到读者的指正。

中英文对照

地理名词

安娜普尔纳：Annapurna

巴格马蒂河 Baghmati river

巴格隆：Baglung

本迪布尔：Bandipur

巴内帕：Banepa

巴德岗：Bhadgaon 也称巴克塔普尔：Bhaktapur

奇特旺：Chitwan

珠穆朗玛峰：Chomolangma

卓奥友峰：ChoOyu

杜摩：Dumre

甘达基河：Gandaki river

廓尔喀：Gorkha

喜马拉雅山脉：Himalaya

黑道达：Hetauda

贾纳克普尔：Janakpur

加德满都：Kathmandu 又名坎提普尔：Kantipur

加德满都谷地：Kathmandu Valley

干城章嘉峰：Kanchenjunga

吉尔提普尔：Kirtipur

蓝毗尼：Lumbini

木斯塘：Mustang

南摩布达：Namo Buddha

纳加阔特：Nagarkot

尼泊尔：Nepal

努瓦阔特：Nuwakot

帕坦：Patan 又名拉利特普尔：Lalitpur

费瓦湖：Phewa Tal

博卡拉：Pokhara

萨加玛塔峰：Sagarmatha

索卢昆布：Solukhumbu

丹森：Tansen

特赖：Terai

泰米尔区：Thamel

提米（Thimi）

主要种族

古隆人：Gurung

基拉底人：Kirati

李察维人：Licchavi

马嘉人：Magar

马拉人：Malla

尼瓦尔人：Newar

拉伊人：Rai

夏尔巴人：Sherpa

塔芒人：Tamgang

塔鲁人：Tharu

藏族人：Tibetan

王朝名称

尼泊尔

基拉底王朝：Kirati Dynasty

李察维王朝：Licchavi Dynasty

马拉王朝：Malla Dynasty

沙阿王朝：Shah Dynasty

印度

德里苏丹王朝：Delhi Sultanates Dynasty

笈多王朝：Gupta Dynasty

贵霜王朝：Kushan Dynasty

孔雀王朝：Maurya Dynasty

莫卧儿王朝：Mughal Dynasty

宗教名词

婆罗门教：Brahmanism

佛教：Buddism

苯教：Bonismo

小乘佛教：Hinayana

印度教：Hinduism

伊斯兰教：Islamism

大乘佛教：Mahayana

密教：Tantric Buddhism

吠陀教：Vedism

神灵名称

阿难（佛陀大弟子）：Ananda

多臂女神：Ashta Matrikas

巴格瓦蒂女神（难近母）：Bhagwati

拜拉弗神：Bhairab

比姆森（商业之神）：Bhimsen

菩萨：Bodhisattva

梵天：Brahma

佛陀：Buddha

杜尔伽女神（难近母）：Durga

甘尼沙（象鼻神）：Ganesh

迦楼罗（金翅鸟）：Garuda

哈努曼（神猴）：Hanuman

因陀罗（雨神）：Indra

林伽（男性生殖器符号）：Lingam

贾甘纳（宇宙之神）：Jagannath

克里希纳神：Krishna

库玛丽（活女神）：Kumari

麦群卓拿：Machhendranath

大女神戴维：Mahadevi

文殊菩萨：Manjusri Bodhisattva

母亲神：Mother Goddess

南迪（神牛）：Nandi

那伽（蛇神）：Naga

帕尔瓦蒂（湿婆配偶）：Parvati

释迦牟尼佛：Sakyamuni Buddha

萨拉斯瓦蒂（梵天配偶）：Saraswati

湿婆：Shiva

塔莱珠女神：Taleju

度母：Tara

金刚萨埵：Vajrasattva

毗湿奴：Vishnu

尤尼（女性生殖器符号）：Yoni

建筑名词

巴哈尔（佛教寺院）：Bahal

巴希（佛教寺院）：Bahil

支提：Chaitya

藏式小佛塔：Chorten

庭院：Chowk

印度教寺庙：Deval

穹顶：Dome

宫殿：Durbar

都琛式神庙：Dyochhen Style Mandir

宝顶：Gajur

藏传佛教寺庙：Gompa

宝匣：Harmika

印度教神庙：Mandir

佛塔：Pagoda

锡克哈拉式神庙：Shikhara Style Mandir

神龛：Shrine

斜撑：Strut

窣堵坡：Stupa

寺庙：Temple

门头板：Torana

佛教精舍：Vihara

图片索引

第二章　尼泊尔宗教建筑的发展及宗教意向

第三章　尼泊尔宗教建筑的类型与特征

第四章　尼泊尔宗教建筑的选址与布局

图 4-7b　村民在祭祀，图片来源：汪永平摄

图 4-8　位于山顶的斯瓦扬布纳特窣堵坡（画面右侧），图片来源：百度图片

图 4-9　位于河边的帕斯帕提纳寺，图片来源：洪峰摄

图 4-10　散点式布局的安娜普尔纳神庙，图片来源：（左）根据 Google Earth 绘；（右）洪峰摄

图 4-11　散点式布局的玛珠神庙，图片来源：（左）根据 Google Earth 绘；（右）洪峰摄

图 4-12　集中式布局的黄金寺，图片来源：（左）根据 Google Earth 绘；（右）洪峰摄

图 4-13　集中式布局的昌古纳拉扬寺，图片来源：（左）根据 Google Earth 绘；（右）洪峰摄

图 4-14　集中式布局的贾纳基寺，图片来源：（左）根据 Google Earth 绘；（右）汪永平摄

图 4-15　群体式布局的帕斯帕提纳寺，图片来源：（左）根据 Google Earth 绘；（右）洪峰摄

图 4-16　群体式布局的斯瓦扬布纳特寺，图片来源：（左）根据 Google Earth 绘；（右）洪峰摄

第五章　尼泊尔宗教建筑的对外交流和影响

图 5-1　20 世纪初西方画家笔下的尼泊尔"塔式"神庙，图片来源：《Nepal Mandala-A Cultural Study of the Kathmandu Valley》

图 5-2a　中国汉地佛塔，图片来源：百度图片

图 5-2b　尼泊尔多檐式神庙，图片来源：洪峰摄

图 5-3a　尼泊尔多檐式神庙剖面，图片来源《The Traditional Architecture of the Kathmandu Valley》

图 5-3b　中国楼阁式佛塔剖面，图片来源：《中国建筑史》

图 5-4　尼泊尔伊斯兰风格的神庙，图片来源：洪峰摄

图 5-5　印度不同时期的穹顶，图片来源：《Humayun's Tomb》

图 5-6　三种尼泊尔式的穹顶样式，图片来源：洪峰摄

图 5-7　廓尔喀神庙中的伊斯兰元素："波浪式拱券"和柱身上的西式纹样，图片来源：洪峰摄

图 5-8　白居寺十万佛塔，图片来源：汪永平摄

图 6—19　斯瓦扬布纳特寺平面图，图片来源：《Nepal A Guide to the Art & Architecture of the Kathmandu Valley》

图 6—20a　斯瓦扬布纳特窣堵坡，图片来源：洪峰摄

图 6—20b　"护法型"佛塔，图片来源：洪峰摄

图 6—20c　哈里蒂女神庙，图片来源：洪峰摄

图 6—20d　支提群，图片来源：洪峰摄

图 6—21　雄伟的博得纳窣堵坡，图片来源：芦兴池摄

图 6—22　博得纳窣堵坡平面，图片来源：《Patan Museum Guide》

图 5—23　博得纳窣堵坡的周边环境，图片来源：《Nepal-A Guide to the Art & Architecture of the Kathmandu Valley》

图 6—24　吉尔提普尔的风光，图片来源：维基百科

图 6—25a　拜拉弗寺平面图，图片来源：《Nepal-A Guide to the Art & Architecture of the Kathmandu Valley》

图 6—25b　"老虎"拜拉弗神庙（上、下）图片来源：洪峰摄

图 6—26　加德辛布窣堵坡，图片来源：洪峰摄

图 6—27　达玛德瓦窣堵坡，图片来源：洪峰摄

图 6—28　白麦群卓拿寺，图片来源：洪峰摄

图 6—29　考末查寺，图片来源：洪峰摄

图 6—30　古代帕坦城，图片来源：《The Traditional Architecture of the Kathmandu Valley》

图 6—31　帕坦杜巴广场平面图，图片来源：《Nepal-A Guide to the Art & Architecture of the Kathmandu Valley》

图 6—32　比姆森神庙，图片来源：洪峰摄

图 6—33　比湿瓦纳神庙，图片来源：洪峰摄

图 6—34　克里希那神庙，图片来源：洪峰摄

图 6—35　查尔·纳拉扬神庙，图片来源：洪峰摄

图 6—36　纳拉森哈神庙，图片来源：洪峰摄

图 6—37　哈里桑卡神庙，图片来源：洪峰摄

图 6—38　八角形克里希纳神庙，图片来源：洪峰摄

图 6—39　德古塔莱珠神庙，图片来源：洪峰摄

图 6—40a　穆尔庭院，图片来源：芦兴迟摄

参考文献

中文专著

1 周晶，李天. 加德满都的孔雀窗——尼泊尔传统建筑 [M]. 北京：光明日报出版社，2011.

2 刘必权. 列国志：尼泊尔 [M]. 福建：福建人民出版社，2004.

3 徐华铮. 中国古塔造型 [M]. 北京：中国林业出版社，2007.

外文专著

1 Michael Hutt. Nepal—A Guide to the Art & Architecture of the Kathmandu Valley [M]. New Delhi: ADROIT, 1994.

2 Sudarshan Raj Tiwar. Temples of the Nepal Valley [M]. Kathmandu：Sthapit Press，2009.

3 Wolfgang Korn. The Traditional Architecture of the Kathmandu Valley [M]. Kathmandu：Ratna Pustak Bhandar, 1976.

4 Patan Museum. Patan Museum Guide [M]. Nepal , 2002.

5 Ronald M Bernier. The Nepalese Pagoda Origins and Style [M]. New Delhi：S.Chand & Company Ltd，Ram Nagar, 1979.

6 Ronald M Bernier. The Temples of Nepal [M]. New Delhi：S.Chand & Company Ltd，Ram Nagar, 1970.

7 Mary Shepherd Slusser. Nepal Mandala—A Cultural Study of the Kathmandu Valley [M]. Kathmandu：Princeton University Press，1982.

8 Shaphalya Amatya. Monument Conservation in Nepal [M]. Kathmandu：Vajra Publications, 2007.

9 Mark Whittaker. Mustang—Paradise Found [M]. Kathmandu: Himalayan Map House, 2012.

外文译著

1 玛瑞里娅·阿巴尼斯（Marilia Albanese）. 古印度——从起源至公元 13 世纪 [M]. 刘青，张洁，陈西帆，等，译. 北京：中国水利水电出版社，2005.

2 布拉德利·梅修. 孤独的星球——尼泊尔 [M]. 郭翔，等，译. 北京：中国地图出版社，2013.

学位论文与期刊

1 沈亚军. 印度教神庙建筑研究 [D]. 南京：南京工业大学，2013.

2 徐燕. 印度佛教建筑探源 [D]. 南京：南京工业大学，2014.

3 马维光. 尼泊尔佛教的亮点（上）、（下）[J]. 南亚研究，2007（02）：64-68. 2008（01）.

4 马维光. 尼泊尔沙阿王朝的荣辱兴衰 [J]. 文史天地，2008（08）：57-62.

5 张同标. 尼泊尔佛塔曼荼罗造像考述（上）[J]. 湖南工业大学学报，2013，18（03）.

6 张曦. 尼泊尔佛教的传入问题 [J]. 南亚研究，1990（04）：38-43.

7 张曦. 尼泊尔印度教的历史与现状 [J]. 南亚研究，1989（02）：46-53.

8 张曦. 尼泊尔古代雕刻艺术的风格 [J]. 南亚研究，1987（04）：59-67.

9 张曦. 尼泊尔古建筑艺术初探 [J]. 南亚研究，1991（04）：59-66.

10 张惠兰. 尼泊尔佛教发展史略 [J]. 佛学研究，2000（卷数不详）：220-225.

11 张惠兰. 尼泊尔的种姓制度溯源 [J]. 南亚研究，2001（02）：75-81.

12 张惠兰. 尼泊尔印度教和佛教的相互融合及其因素 [J]. 南亚研究，1996（Z1）.

13 刘善国. 尼泊尔的宗教 [J]. 南亚研究，1993（03）：65-68.

14 姚长寿. 尼泊尔佛教概述 [J]. 法音月刊，1987（02）：39-41.

15 王璐. 尼泊尔的藏文化圈民族习俗 [J]. 西藏民俗（Tibetan Folklore）.

16 殷勇，孙晓鹏. 尼泊尔传统建筑与中国早期建筑之比较——以屋顶形态及其承托结构特征为主要比较对象 [J]. 四川建筑，2010（02）：40-42.

17 高观如. 中尼佛教关系史略 [J]. 法音月刊，2000（07）：16-17.

18 周晶. 喜马拉雅地区藏传佛教建筑的分布及其艺术特征研究 [J]. 西藏民族学院学报，2008，29（04）：38-48.

19 索南才让. 论西藏佛塔的起源及其结构和类型 [J]. 西藏研究，2003（02）：82-88.

20 黄春和. 阿尼哥与元代佛教艺术 [J]. 五台山研究，1993（03）：40-42.

21 张连城. 阿尼哥与白塔寺 [J]. 北京文化史谈丛，2008（03）：124-127.

22 莫海量. 神王合一的魅力——印度文化影响下的东南亚宫殿建筑 [J]. 中外建筑，2008（12）：99-102.

23 李珉. 论印度的早期佛教建筑及雕刻艺术 [J]. 南亚研究，2005（01）：59-65.

24 孙修身. 唐初中国和尼泊尔的交通 [J]. 敦煌研究，1999（01）：100-109.

25 [尼] 夏恩科·塔帕. 古代和中世纪的尼泊尔佛教 [J]. 王儒童，译. 法音月刊，2011（04）：12-20.

附录　笔者调研的宗教建筑一览表

地点	名称	建筑类型	建造年代
加德满都	加德满都杜巴广场宗教建筑群 Kathmandu Durbar Square	尼瓦尔式及锡克哈拉式建筑	公元 16—19 世纪
	斯瓦扬布纳窣堵坡 Swayambhunath Stupa	礼佛型窣堵坡	公元 3 世纪
	博得纳窣堵坡 Boudhanth Stupa	礼佛型窣堵坡及周边藏式古巴姆建筑群	公元 5 世纪
	帕斯帕提纳寺 Pashupatinath Temple	尼瓦尔式及锡克哈拉式神庙	公元 5 世纪
	加德辛布窣堵坡 Kathesimbu Stupa	礼佛型窣堵坡	1650 年
	查巴希窣堵坡 Cha Bahil Stupa	礼佛型窣堵坡	公元 5 世纪
	查斯亚寺 Chusya Bahal	尼瓦尔式佛寺	1648 年
	白麦群卓拿寺 Seto Machhendranath	尼瓦尔式佛寺	公元 15 世纪
	考末查寺 Kalmochan Temple	穹顶式印度教神庙	1870 年
	安娜普尔纳神庙 Annapurna Mandir	尼瓦尔式神庙	公元 18 世纪
帕坦	帕坦杜巴广场神庙建筑群 Patan Durbar Square	尼瓦尔式及锡克哈拉式神庙	公元 16—18 世纪
	黄金寺 Golden Temple	尼瓦尔式佛寺	公元 11 世纪
	千佛寺 Mahabouddha Temple	尼瓦尔式佛寺	1565 年
	千佛塔部分 Mahabouddha Pagoda	锡克哈拉式佛塔	1565 年
	阿育王四塔 Asoka Stupa	坟冢型窣堵坡	不详
	昆贝须瓦尔寺 Kumbeshwar Mandir	尼瓦尔式神庙	公元 14 世纪末
巴德岗	巴德岗杜巴广场神庙建筑群 Bhadgaon Durbar Square	尼瓦尔式及锡克哈拉式神庙	公元 13—18 世纪
	塔丘帕广场神庙建筑群 Tachupal Square	尼瓦尔式神庙	公元 15—17 世纪
	尼亚塔颇拉神庙 Nyatapola Mandir	尼瓦尔式神庙	1702 年
	拜拉弗纳神庙 Bhairabnath Mandir	尼瓦尔式神庙	公元 17 世纪
	昌古纳拉扬寺 Changu Narayan Temple	尼瓦尔式印度教寺院	464 年
	泰德汉臣寺 Tadhunchen Temple	尼瓦尔式佛寺	公元 14 世纪

尼泊尔宗教建筑

地点	名称	建筑类型	建造年代
加德满都	加德满都杜巴广场宗教建筑群 Kathmandu Durbar Square	尼瓦尔式及锡克哈拉式建筑	公元16—19世纪
	斯瓦扬布纳窣堵坡 Swayambhunath Stupa	礼佛型窣堵坡	公元3世纪
	博得纳窣堵坡 Boudhanth Stupa	礼佛型窣堵坡及周边藏式古巴姆建筑群	公元5世纪
	帕斯帕提纳寺 Pashupatinath Temple	尼瓦尔式及锡克哈拉式神庙	公元5世纪
	加德辛布窣堵坡 Kathesimbu Stupa	礼佛型窣堵坡	1650年
	查巴希窣堵坡 Cha Bahil Stupa	礼佛型窣堵坡	公元5世纪
	查斯亚寺 Chusya Bahal	尼瓦尔式佛寺	1648年
	白麦群卓拿寺 Seto Machhendranath	尼瓦尔式佛寺	公元15世纪
	考末查寺 Kalmochan Temple	穹顶式印度教神庙	1870年
	安娜普尔纳神庙 Annapurna Mandir	尼瓦尔式神庙	公元18世纪
帕坦	帕坦杜巴广场神庙建筑群 Patan Durbar Square	尼瓦尔式及锡克哈拉式神庙	公元16—18世纪
	黄金寺 Golden Temple	尼瓦尔式佛寺	公元11世纪
	千佛寺 Mahabouddha Temple	尼瓦尔式佛寺	1565年
	千佛塔部分 Mahabouddha Pagoda	锡克哈拉式佛塔	1565年
	阿育王四塔 Asoka Stupa	坟冢型窣堵坡	不详
	昆贝须瓦尔寺 Kumbeshwar Mandir	尼瓦尔式神庙	公元14世纪末
巴德岗	巴德岗杜巴广场神庙建筑群 Bhadgaon Durbar Square	尼瓦尔式及锡克哈拉式神庙	公元13—18世纪
	塔丘帕广场神庙建筑群 Tachupal Square	尼瓦尔式神庙	公元15—17世纪
	尼亚塔颇拉神庙 Nyatapola Mandir	尼瓦尔式神庙	1702年
	拜拉弗纳神庙 Bhairabnath Mandir	尼瓦尔式神庙	公元17世纪
	昌古纳拉扬寺 Changu Narayan Temple	尼瓦尔式印度教寺院	464年
	泰德汉臣寺 Tadhunchen Temple	尼瓦尔式佛寺	公元14世纪
吉尔提普尔	吉尔提普尔神庙建筑群 Kirtipur Religious Buildings	尼瓦尔式神庙	公元12—18世纪

地点	名称	建筑类型	建造年代
加德满都谷地周边	努瓦阔特·拜拉弗神庙 Nuwakot Bhairab Mandir	尼瓦尔式神庙	公元 15 世纪
	南摩布达·创古扎西仰泽寺	藏式古巴姆	现代
	西藏苯教彻坦卢布寺	藏式古巴姆	现代
廓尔喀	廓尔喀杜巴广场宗教建筑群 Gorkha Durbar	尼瓦尔式神庙	公元 16 世纪
	老城区神庙组群	尼瓦尔式及穹顶式神庙	不详
	玛纳卡玛纳神庙 Manakamana Mandir	尼瓦尔式神庙	公元 17 世纪
本迪布尔	宾德巴思尼神庙 Bindebasini Mandir	尼瓦尔式神庙	不详
	卡哈亚神庙 Khadga Mandir	尼瓦尔式神庙	不详
丹森	艾马尔·纳拉扬寺 Amar Narayan Temple	尼瓦尔式神庙	1806 年
	巴格瓦蒂神庙 Bhagawati Temple	尼瓦尔式神庙	1819 年
	拜拉弗斯坦神庙 Bhairavsthan Mandir	院落式神庙	不详
	瑞施凯释神庙 Rishikesh Mandir	尼瓦尔式神庙	不详
博卡拉	瓦拉希神庙 Varahi Mandir	尼瓦尔式神庙	公元 18 世纪
贾纳克普尔	贾纳基寺 Janaki Temple	伊斯兰式印度教神庙	1912 年
	拉姆寺 Ram Temple	伊斯兰式印度教神庙	1882 年
蓝毗尼	摩耶夫人寺 Maya Temple	现代建筑风格	1992 年

图书在版编目（CIP）数据

尼泊尔宗教建筑 / 汪永平，洪峰编著 . -- 南京：
东南大学出版社，2017.5
（喜马拉雅城市与建筑文化遗产丛书 / 汪永平主编）
ISBN 978-7-5641-6698-4

Ⅰ . ①尼… Ⅱ . ①汪… ②洪… Ⅲ . ①宗教建筑-建
筑艺术-尼泊尔 Ⅳ . ① TU-098.3

中国版本图书馆 CIP 数据核字（2016）第 197524 号

书　　名：尼泊尔宗教建筑
责任编辑：戴　丽　魏晓平
装帧方案：王少陵
责任印制：周荣虎
出版发行：东南大学出版社
社　　址：南京市四牌楼 2 号
邮　　编：210096
出 版 人：江建中
网　　址：http://www.seupress.com
电子邮箱：press@seupress.com
印　　刷：深圳市精彩印联合印务有限公司
经　　销：全国各地新华书店
开　　本：700mm×1000mm　1/16
印　　张：14
字　　数：259 千字
版　　次：2017 年 5 月第 1 版
印　　次：2017 年 9 月第 2 次印刷
书　　号：ISBN 978-7-5641-6698-4
定　　价：89.00 元

若有印装质量问题，请与营销部联系。电话：025-83791830